孫子《そんし》

呉子《ごし》

［新装版］

【全訳「武経七書」】1

守屋洋 Moriya Hiroshi
守屋淳 Moriya Atsushi
訳・解説

プレジデント社

刊行のことば

『孫子《そんし》』をはじめ主な兵法書を七冊まとめて「武経七書《ぶけいしちしょ》」と称するようになったのは、今から千年近くまえ、宋《そう》の時代からのことであるらしい。ちなみに、「武経」とは文に対する武の原典という意味であり、「七書」とは『孫子』『呉子《ごし》』『司馬法《しばほう》』『尉繚子《うつりょうし》』『李衛公問対《りえいこうもんたい》』『六韜《りくとう》』『三略《さんりゃく》』を指している。

むろん、これらのほかにも兵法書はたくさん書かれており、それなりに優れているものもないではない。だが、それらのなかから七冊の本がリストアップされ、「武経七書」と名づけられて流布《るふ》するに及んで、この七冊が中国の兵法書を代表するものとみなされるようになった。

ただし、一口に「七書」と言っても、これらの本が平均して読まれてきたわけではない。最も広く読まれてきたのが『孫子』であって、今でも毎年のようにこれに関連した本が出版されている。本を読むほどの人なら、たぶん『孫子』の名を知らない人はいないであろう。

次いで、『六韜』、『三略』、『呉子』、『尉繚子』ということになるが、これらの本になると、読みたいと思っても、すぐに入手するのがかなりむずかしくなっている。

さらに『司馬法』、『李衛公問対』になると、この数十年、新しい本が出版されていないので、こういう本があることすら知らない人が多いのではないかと思われる。

同じように「武経七書」に収められておりながら、なぜこれほどの差がついたのか。それはほかでもない、なんと言っても、『孫子』の内容がすぐれていて、普遍性に富んでいるからである。しかし、そういう事情を割引きしても、『孫子』以外の本が読者の目にふれることが少なくなっているのは、残念でならない。他の本にも実は学ぶべき点がたくさんあるのである。そこでこのさい、「武経七書」をまとめて翻訳し、わかりやすい形で読者に提供してみることにした。

では、今なぜ兵法書なのか。

これらの兵法書にまとめられているのは、どうすれば戦いに勝てるのか、どうすれば負けない戦いができるのか、いわば戦略戦術のエッセンスと言ってよい。私ども日本人は戦略戦術ということばが好きで、やたら使いたがると言われているが、その割には戦略的な思考や行動を苦手にしているように思われる。そこで、あらためてそれを、これらの原典から学んでみたい、ということが一つである。それに戦争というのは、勝てば生き残るし、負ければ滅びてしまう、国や民族にとってはぎりぎりの局面である。兵法書にまとめられているのは、そこをどう乗り切るかということであるから、ある意味で危機管理の思想と言ってよい。これもまた私どもにとっては喫《きっ》緊《きん》の課題であって、あわせてこれら兵法の原典から学びたいのである。

訳出にさいしては、できるだけわかりやすい翻訳を心がけたつもりであるが、最後に、本訳書の成り立ちについて、凡例代わりに次のことを付記しておきたい。

一、三巻に分け、第一巻には『孫子』と『呉子』、第二巻には『司馬法』、『尉繚子』、『李衛公問対』、第三巻には『六韜』と『三略』をそれぞれ収めた。いずれも全訳である。
一、「七書」とも、数ある版本のなかで佳本《かほん》とされてきた『明本武経七書直解』を定本とし、諸本を参照して改めるべき点は改めた。
一、「七書」の各篇、各巻をさらに細かく区切り、各区切りごとに小見出しを付したのは、すべて訳者の裁量によるものである。
一、各区切りごとの構成は、先ず現代語訳、次いで訳者のコメントを付し、そのあとに読み下しと原文を付記した。
一、訳者のコメントは蛇足のきらいがあるが目をつむっていただきたい。また、読み下しと原文を付記したのは、少なくなったとはいえ、今なお存在する漢文愛好家に配慮したものである。飛ばして読んでいただいても、いっこうに差し支えない。
一、読み下し文については、最小限度の注を付した。
一、名言のたぐいは、各篇、各巻の最初のところに取り出して、まとめておいた。
なお、これらの訳書は十数年まえに出版したものであるが、今度、大方の求めに応じ、新装版として提供することにしたのである。そのことを一言お断りしておきたい。

二〇一四年九月

守屋　洋
淳

『呉子』

装幀　　　岡 孝治
カバー写真　空 / PIXTA(ピクスタ)

《解題》

一、『孫子』について――

謎めいた『孫子』の作者、孫武の人となり

『孫子《そんし》』という兵法書は、今から二千五百年ほどまえ、孫武《そんぶ》という将軍によってまとめられた。孫武は、孔子《こうし》とほぼ同時代、春秋《しゅんじゅう》時代の末期に、呉《ご》王闔廬《こうりょ》（在位・西暦前五一四～四九六年）に仕え、その覇業に貢献した将軍であるが、あまり詳しいことはわかっていない。

孫武の人となりや活躍を知るうえで最も確かな手がかりとなるのは、『史記《しき》』「孫子呉起列伝」であるが、この記述はいたって簡潔である。

まずその全文を紹介してみよう。

＊

孫武は斉《せい》の国の出身である。兵法に通じていたので、呉王闔廬に召された。闔廬は孫武にたずねた。

「そなたの著した兵法書十三篇は、全部読んだ。一つ試しに練兵を見せてくれぬか」

「結構です」

「女でもできるか」

「できます」

かくて宮中の美女百八十人をかりだして練兵することになった。孫武はまず隊を二つに分け、王の寵姫《ちょうき》二人をそれぞれの隊長に任命する。そして全員に矛《ほこ》を持たせ、

「どうだ、自分の胸、左手、右手、背中がわかるか」

「はい」

「では、前と言ったら胸を見よ。同じく左と言ったら左手、右と言ったら右手、後ろと言ったら背中のほうを見よ。よいな」

「はい」

号令を女たちに伝えると、孫武は、刑罰に使うマサカリを持ちだした。そして号令が全員に行きわたるよう再三説明をくりかえした。

ところが、いざ太鼓を鳴らして、

「右」

と言うと、女たちはケラケラ笑いだした。孫武は、

「号令が理解しにくかったのであろう。わたしが悪かった」

と言って、まえと同じように号令の説明をなんどもくりかえした。ところが、ふたたび太鼓を鳴らして、

「左」

と言うや、またもや女たちはケラケラ笑うばかりである。孫武は言った。

「さきほどはわたしの落度であったが、こんどは違う。全員が号令をよく理解しているはずだ。号令どおりに動かないのは隊長の責任である」

手にしたマサカリで二人の隊長を斬ろうとする。呉王はテラスから観覧していたが、寵姫が斬られそうになるのを見て、ただちに伝令をとばした。

「そなたのすぐれた練兵ぶりはすでに見た。その二人の女がいなくては、わしは食事もノドを通らない。どうか斬らないでくれ」

しかし孫武は、

「この部隊の将はわたしです。将が軍にあるときは、君命たりともお受けできないことがあります」

と言うや、二人の隊長を斬り捨て、寵姫につぐ美女二人を後任の隊長に任命した。

そのあとで、太鼓を叩き、号令をくだすと、女たちは左、右、前、後ろと、号令どおり整然と行動し、しわぶき一つしない。

孫武は王に伝令を出して報告した。

「練兵はすでに完了しました。こちらに来てお試しください。王が命令されれば、兵は火のなか、水のなかでもとびこみます」

「いや、それには及ばない。そなたは宿舎に戻って休息されよ」

「どうやら王は兵法の理論だけはお得意ですが、実践のほうは苦手なようですな」

こうして闔廬は、孫武が用兵にすぐれていることを知り、かれを将軍にとりたてた。

呉はその後、北西は強国楚《そ》を破って都の郢《えい》を攻略し、北は斉、晋《しん》を脅かして諸侯のあいだに名を高めたが、これはひとえに孫武の力によるものである。

孫武は実在した

以上の記述によれば、つぎの諸点が明らかになる。
一、孫武の仕えた呉という国は、江南の地にあって今の蘇州《そしゅう》のあたりに都を置いていたが、孫武自身は斉の国（今の山東省のあたり）の出身であったこと。
一、孫武は呉王闔廬に仕《つか》えるまで、すでに十三篇の兵法書を著し、兵法の専門家として世に知られていた。ちなみに、十三篇という数は、現存する『孫子』の篇数と合致する。
一、婦人部隊を練兵するというこの有名なエピソードからくみとれるのは、孫武が部隊編成の基本方針として、軍令の貫徹に意を用いたらしいこと。
一、闔廬は、北方への軍事行動に乗り出して成功を収め、覇者としての地位を確立するが、孫武はその覇業にあずかって力があったこと。
さらに、闔廬に仕えてからの孫武の活躍については、同じく『史記』の「呉太伯世家《ごたいはくせいか》」、「伍子《ごし》胥《しょ》列伝」等に断片的な記述がある。

それによると、呉王闔廬は即位して三年目（前五一二年）に、将軍の孫武や伍子胥らとともに、みずから軍を率いて楚の国を攻めた。楚というのは呉の北西に位置していた大国で、呉が北方の経略に乗り出すためには、まず叩かなければならない当面の敵であった。

闔廬はこのとき、舒《じょ》を攻略し、勢いに乗じて楚の都郢にまで軍を進めようとする。すると、孫武が進言した。

「人民の疲弊がはなはだしく、まだその時期ではありません。なにとぞこれ以上の進攻はお見合わせください」

闔廬はこの進言をいれて、ひとまず軍をまとめて本国に帰還したという。

『孫子』軍争篇に「迂直《うちょく》の計」という有名な計謀がある。このときの進言は、その「迂直の計」を実地に応用した好例である。

三年後、こんどは楚が呉領に進攻してきたが、呉はこれを迎え撃って大勝を博した。

それからまた三年の歳月が流れた。いまや呉の国力は十年まえとは比較にならぬほどの充実ぶりである。闔廬は、孫武と伍子胥の二人を招いて意見をただした。

「以前、二人とも郢に攻め込むのは時期尚早だと申したが、いまの考えはどうか」

「楚の将軍子常《しじょう》は貪欲な人物で、そのため、楚の属国である唐《とう》と蔡《さい》は、恨み骨髄に徹しております。楚を徹底的に叩こうとするなら、まず、この両国を味方につけるのが先決です」

闔廬は二人の意見に従って両国の協力をとりつけたうえ、呉の兵力を総動員して楚に攻め入り、さんざんに撃ち破った。

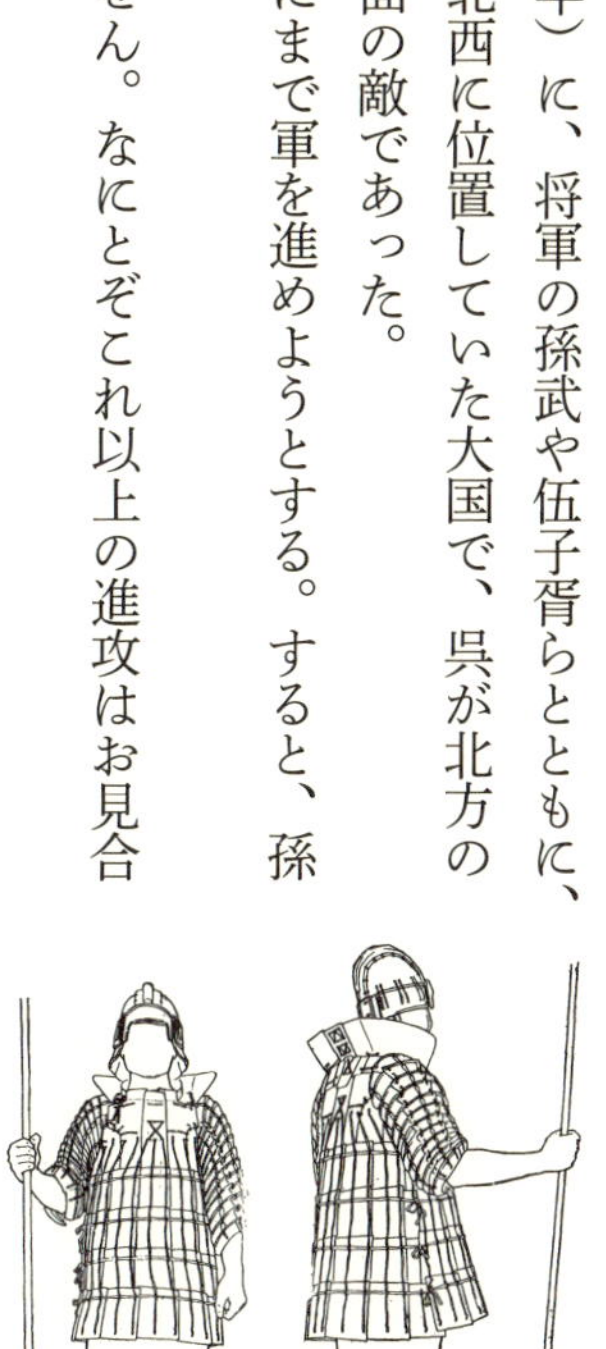

甲冑をまとった兵士

こうして闔廬は北方経略の足がかりをつかみ、雄国としての地位を固めたのである。

以上で『史記』に紹介されている孫武の事蹟は、ほとんどすべてだと言ってよい。

このように『史記』の記述があまりにも簡略なので、むかしからその内容について二つの疑問が提出されてきた。

一、はたして孫武という将軍が実在したのであろうか。

一、『孫子』は孫武の著作ではなく、戦国時代、斉の国の軍師であった孫臏《そんぴん》によってまとめられたものではないのか。

なにしろ『史記』以外に拠るべき資料が乏しいので、いずれとも決めかねるような問題であったが、近年、この疑問にようやく終止符が打たれることになった。

と言うのは、一九七二年、山東省の銀雀山漢墓《ぎんじゃくざんかんぼ》という漢代初期（今から約二千年まえ）の古墳から出土した竹簡のなかに、二つの兵法書が含まれていたからである。一つは『孫子』で、これは字句に若干の異同があるものの、従来の『孫子』とほとんど同じものであった。もう一つは、発掘後『孫臏兵法』と名づけられたもので、これは明らかに孫臏にゆかりのある兵法書であった。これに加えて、断片的ながら、孫武その人の活躍をあとづけるような記録も同時に出土したのである。

これらの記録が出土したことによって、

一、『史記』の記述は従来考えられていた以上に正確であって、孫武はたしかに実在した人物であること。

一、『孫子』をまとめたのは孫武であり、孫臏には『孫臏兵法』という別の兵法書があること。
などが明らかになったと言ってよい。

要するに、孫武という将軍は、『史記』の記録どおり確かに実在し、『孫子』はかれの手によってまとめられたものであることが、あらためて証明されるかたちになったのである。

『孫子』を貫く柔軟な思考

『孫子』は、始計篇から始まって、作戦、謀攻、軍形、兵勢、虚実、軍争、九変、行軍、地形、九地、火攻、用間の計十三篇で構成されている。全部で六千数百字であるから、もともとそれほど長いものではない。

各篇の冒頭は、すべて、「孫子曰く」という書き出しになっている。ちなみに「孫子」の「子《し》」は孔子、孟子のたぐいと同じで、先生という意味である。したがって、「孫子曰く」というのは、「孫先生がこう語った」という意味になる。

さて、肝心の『孫子』の内容であるが、兵法書であるから、戦い方の原理・原則を説きあかしたものであることは言うまでもない。しかし、『孫子』の場合、その説き方が政治優位の思想に立ち、きわめて柔軟な考え方に貫かれている。そこに最大の特徴があると言ってよい。

『孫子』の兵法は、二つの基本的な前提のうえに立っている。

一、戦わずして勝つ

一、勝算なきは戦わず

この二つの前提のうえに立ち、弱をもって強に勝つ戦略・戦術を追求しているのが『孫子』である。

それをもう少しくわしく説明すると、次のようにまとめることができるかもしれない。

一、勝利をかちとる鍵は、まず第一に「彼を知り己を知る」(謀攻篇)ことである。彼我《ひが》の戦力を分析検討したうえで、勝算があれば戦い、勝算がなければ戦うべきでない。勝算もなしに、やみくもに戦いを挑むのは、愚策である。

二、戦いにさいしては、「人を致して人に致されず」(虚実篇)、つまり主導権を奪取しなければならない。相手のペースに乗らず、相手をこちらのペースに乗せるのである。そのためには、相手の兵力を分散して守勢に追いこみ、そのうえで、「実を避けて虚を撃つ」(虚実篇)ことを心がけなければならない。

三、「その無備を攻め、その不意に出《い》づ」(始計篇)ること、すなわち相手の意表をつくことも、勝利をかちとる重要な条件となる。戦争は「詭道《きどう》」である。「詭道」とはだまし合いにほかならない。したがって、敵の油断を誘い、敵の目をくらます作戦を採用しなければならない。

四、戦いは「正を以って合し、奇を以って勝つ」(兵勢篇)。「正」とは正攻法、「奇」とは奇襲作戦である。この二つの作戦を組み合わせ、臨機応変に運用して戦わなければならない。そのためには、急がば回れの「迂直の計」(軍争篇)なども活用すべきだ。

五、守勢に回ったときは、じっと鳴りをひそめ、攻撃に出たときは、いっきにたたみかける。つまり「その疾《はや》きこと風の如く、その徐《しず》かなること林の如く」（軍争篇）、「始めは処女の如く、後には脱兎の如し」（九地篇）でなければならない。

六、兵力に応じた戦い方を心がける。つまり、十倍の兵力なら包囲し、五倍の兵力なら攻撃し、二倍の兵力なら分断し、互角の兵力なら勇戦し、劣勢の兵力なら退却し、勝算がなければ戦わない（謀攻篇）。兵力を無視して戦いを挑めば、敵の餌食《えじき》になるばかりだ。逃げて戦力を温存すれば、またつぎのチャンスに賭けることができる。

七、「兵の形は水に象《かたど》る」（虚実篇）。戦い方の理想は、水のあり方に学ぶ必要がある。つまり、兵力の分散と集中を心がけ、たえず敵の情況に対応して変化しなければならない。硬直した思考は、必ず敗北を招く。

このように、『孫子』は、合理的な思考を積みかさねることによって戦争に内在する法則性をとり出すことに成功している。しかもその考え方はあくまでも柔軟であって、どこにも無理がない。二千五百年後の現代でも、そのまま応用できることばかりだ。

『孫子』が二千五百年間にわたって読みつがれてきた秘密は、こういう点にあるのかもしれない。

『孫子』は広く読みつがれてきた

『孫子』は、指導者《リーダー》にとって、必読の文献である。現に、多くの指導者が『孫子』をひもとくことによって戦い方の原理・原則を学びとり、それを実戦に適用して成功を収めてきた。これは、中国だけの現象ではなく、日本やヨーロッパでもそうであったらしい。

つぎに、そういった実例を幾つか紹介してみよう。

まず中国であるが、これは枚挙にいとまがないので、『三国志』の人物に限ってみたい。

『三国志』きっての傑物と言えば、魏《ぎ》の曹操《そうそう》であるが、この人は『孫子』を熱心に研究し、すぐれた注釈書まで残したことで知られている。その戦い方も、

「大較《たいこう》は孫呉の法に依る」（『三国志』）

とあるように、『孫子』の説く基本原則にきわめて忠実であったらしい。

その結果、曹操は裸一貫で乱世にとび出していきながら、もたつくライバルを尻目に、着々と実績を築いて乱世を勝ちあがっていった。

また、『三国志』後半のクライマックスは諸葛孔明《しょかつこうめい》と司馬仲達《しばちゅうたつ》の対決であるが、この二人のライバルも、『孫子』から大いに学ぶところがあったらしい。

たとえば孔明は、泣いて馬謖《ばしょく》を斬ったとき、わざわざ婦人部隊を練兵したときの孫武の故事を引いて、軍令を貫徹することがいかに重要であるかを語っている。また仲達は、孔明を迎え撃ったときはもちろん、その後の戦いにおいても、『孫子』の兵法に則った戦い方をして、みごと作戦目的を達している。

二人とも、じつによく『孫子』を研究しているのである。

近い例をあげれば、毛沢東である。

諸葛亮（181～234）。字は孔明

毛沢東は晩年の失点によって評価を下げてしまったが、権力を握るまでのかれは、卓越したリーダーシップを発揮した。とくに、「遊撃戦」という独自の戦法をあみ出して日本軍を苦しめたあたりはみごとなものであるが、その根底にやはり『孫子』があったことを忘れてはならない。毛沢東も『孫子』を愛読し、その著作のなかでしばしば『孫子』を引用している。一つだけ例をあげると、たとえば、

「戦争は、他のいかなる社会現象にもまして、見通しを立てにくいものだ。つまり、その動きは必然的であるよりも、むしろ蓋然性《がいぜん》に支配される。しかし、戦争も人間の思い及ばぬ神秘なものではなく、やはりそれなりの法則性をもつ社会現象である。したがって、『孫子』のいう『彼を知り己を知れば、百戦して殆《あや》うからず』という命題は、やはり科学的な命題と言ってよい」

毛沢東の遊撃戦思想も、もとはと言えば、『孫子』の考え方から導き出されたものであった。

つぎに日本の例であるが、まず知られているのが八幡太郎義家の故事である。

後三年の役で金沢《かねざわ》の柵《き》（とりで）を攻めたとき、敵陣から数里てまえのところで、雁が列を乱して飛んでいた。義家は、

「あれは伏兵のいる証拠じゃ」

と言って、物見を出したところ、はたしてそのとおりであった。彼は、

「もし、兵法を学んでいなかったら危ういところであった」

と語ったという。

義家は、学者の大江匡房《まさふさ》から『孫子』以下の兵法書を学んだといわれる。『孫子』行軍篇に、

「鳥起《た》つは伏なり」

とあるが、これを実地に役立てて危機を未然に察知したのである。

戦国時代になると、多くの武将が『孫子』の兵法を活用したようだが、なかでも有名なのは甲斐の武田信玄である。かれは『孫子』から「風林火山」の四文字を借りて旗印としたし、その戦い方も『孫子』の兵法にきわめて忠実であったといわれる。

これらの例は広く知られていることなので、これ以上は述べない。ただ一つだけつけ加えておきたいのは、昭和の将師たちのケースである。

昭和の将師たちも、まるっきり『孫子』を読まなかったわけではないらしい。読むには読んでも、活用することを怠ったのが大方のケースであったようだ。どうせ「シナ人」のものだからと、心の隅でこばかにしてかかったところがあったのかもしれない。それが破滅につながったことは、周知のところである。

最後に諸外国の例であるが、フランスのナポレオンが『孫子』を座右の書としていたことは有名であるし、また、第一次世界大戦を引き起こしたドイツ皇帝のウィルヘルム二世は、敗れたのちに『孫子』を知り、

「二十年まえにこの書物を読んでいたらなあ」

と述懐したといわれる。

近くは、フォークランド戦争のときの、英軍の司令官である。艦上で記者団のインタビューを受けたさい、「戦わずして勝つ」という『孫子』のことばを引きながら、みずからの置かれた苦

しい立場を弁解していたことが記憶に残っている。

この人もまた『孫子』を読んでいたのである。

ところで、戦後の日本でも、『孫子』は広く読まれてきた。多分、数ある中国古典のなかで、もっとも多く読まれてきたのが、この『孫子』だと言ってよいかもしれない。

しかし、その読まれ方は、戦前と戦後とでは、ずいぶんちがっているように思われる。どういう点がちがっているのかと言えば、戦前はもっぱら武器をとっての戦いという観点から読まれたのに対し、戦後は主として、武器なき戦い、つまり経営戦略の参考書として読まれてきたらしい。現に筆者も、何人もの経営者の方々から、

「『孫子』は面白い。参考になった」

という話を聞いている。

『孫子』の説く戦略・戦術は、人間および人間心理に対する深い洞察によって裏打ちされている。だから、その内容はいっこうに古びないどころか、経営戦略の指針としても役立つような新鮮さをそなえているということであろう。

これに加えて私は、現在、『孫子』を読む意義として、つぎの二つのことをつけ加えておきたい。

ある意味で、人生もまた戦いである。山あり、谷あり、優勢なときばかりではない。深手を負ったり、苦境につき落とされることもあるはずである。そんな苦境をどう乗り切るか。『孫子』を読むことによって、幾つもの貴重なヒントを汲みとることができるにちがいない。

さる著名な財界人が、

「『孫子』を読んで、人間社会を生きる知恵を教えられた」

と述懐するのを耳にしたことがある。波荒い人生をどう生き抜いていくか。『孫子』には、そのための実践的な知恵が説かれていると言ってよい。

第二に、頭のトレーニングのために活用してほしいということだ。一面的な見方や硬直した思考では、もはや現代を生き残ることはできない。

その点、『孫子』の考え方はあくまでも柔軟である。柔軟な思考とはどういうものなのか、それを『孫子』に学んで、硬直した頭をもみほぐすのに役立ててほしい。そういう点でも、必ずや得るところがあるはずである。

孫武

二、『呉子』について——

呉起《ごき》の生涯

「孫呉」と併称されるように、『呉子』は、『孫子』とならぶ中国の代表的な兵法書の一つである。戦国時代初期の兵法家呉起の言説をまとめたものだ。

呉起は、『呉子』という兵法書を残したことによって、兵法家として知られているが、じつはかれは、戦争のプロという意味での、たんなる兵法家ではなかった。かれの本領は、むしろ政治の面にあって、革新政治家としてすぐれた業績を残している。『呉子』においても、かれは、強兵の前提として、政治の刷新を主張してやまない。そこに、革新政治家としての、かれの本領をみることができるのである。

呉起の生涯は、『史記』にくわしく記されているので、それに従ってアウトラインを紹介しておこう。

呉起は衛《えい》の出身であるが、若いころ、兵法家としての才能を認められて魯《ろ》の国に仕えた。たまたま魯が隣国斉《せい》の攻撃をうけたとき、総司令官に起用されて首尾よくこれを撃退し、いちやく兵法家としての名を高めたが、それがかえって重臣たちのそねみをかい、あっさり解任されてしまう。

　呉起は、仕官の口を求めて魏《ぎ》の国に向かった。当時、魏は文《ぶん》侯（在位・前四四五～三九六年）という英邁《えいまい》な王が現われ、諸国から広く人材を招いて、政治の革新に乗り出していた。『呉子』は、呉起がこの文侯に遊説するところから書き出されている。文侯に認められた呉起は、要衝の地西河《せいが》の太守（長官）に任ぜられ、めざましい実績をあげる。

「ここにおいて文侯、……立てて大将となし、西河を守らしむ。諸侯と大いに戦うこと七十六たび、全く勝つこと六十四たび、余は則ち均《ひとし》く解く。土を四面に闢《ひら》き、地を千里に拓《ひら》く。皆起《き》の功なり」（図国篇）

　なぜこんな素晴らしい成績をあげることができたのか。なによりも用兵にすぐれていたからではあるが、それだけではない。兵士の心を捕え、かれらのやる気を引き出すために、ふだんから並々でない努力を重ねていたのである。たとえば、つねに最下級の兵士と同じものを身につけ、同じものを食べた。寝るときも蓆《むしろ》を敷かないし、行軍するときも車に乗らない。自分の食糧は自分で携帯する、といったように、いつも兵士と苦労を分かちあったといわれる。

　それについては有名な話がある。

　あるとき、一人の兵士ができもので苦しんでいたところ、それを見た呉起はすぐに自分の口をあてて膿を吸い出してやった。ところが、それを伝え聞いた兵士の母親は、わっと泣きくずれた

という。ある男が不思議に思って、

「おまえの息子は一介の兵士なのに、将軍みずから膿を吸ってくださったのだぞ。どうして泣いたりなどするのか」

とたずねたところ、母親はこう答えたという。

「そうではございません。じつは先年、呉起さまは、あの子の父親の膿を吸い出してくれました。その後、父親は出陣しましたが、呉起さまの恩義に報いようとして、あくまで敵に背を向けず、とうとう討ち死にしました。聞けばこんどは、息子の膿を吸ってくださったとか。これであの子の運命も決まったようなもの、それで泣いているのでございます」

こうまでして呉起は兵士の心を摑もうとしたのである。呉起の率いる軍団が無敵の強さを発揮した陰に、こんな涙ぐましい努力があったことを忘れてはならない。

こうして呉起は、魏の重鎮として押しもおされもしない地位を固めたかに思われた。だが、文侯が死去し、二代目の武《ぶ》侯（在位・前三九五〜三七〇年）が立つに及んで、魏でも、保守派が国政の実権をにぎり、呉起のような他所者《よそもの》の実力派はしだいに遠ざけられていく。

このころ魏は、文侯の五十余年に及んだ経営によって、最強の雄国にのしあがっていた。そういう意味で後を継いだ武侯が、守成の姿勢に傾いたとしても、無理からぬ事情があったと言ってよい。ただし、武侯には、自国の強大さを恃《たの》んで、とかく驕《おご》りの色が見えていたといわれる。かれもまた二代目にありがちな欠点を免れていなかったということであろうか。

たとえば、こんなことがあった。

戦国時代の虎を退治する騎士の図

あるとき武侯は重臣たちとともに、舟で西河を下ったことがある。その途中、景色を眺めていた武侯は、呉起を振り返ってこう語った。

「なんと見事なものではないか。この険阻《けんそ》な地形こそ、わが魏の宝だ」

呉起はこう言って武侯をたしなめたという。

「いや、それは違います。国の宝とは、地形ではありません。為政者の徳こそ国の宝です。もしわが君が徳を修めることに努めなければ、今この舟に乗っている者まで、敵国についてしまいますぞ」

『呉子』図国篇にも、呉起が武侯を厳しく諫める話が出ている。鼻っ柱の強い武侯にとって、そんな呉起の存在がしだいにうっとうしくなっていったらしい。やがて、保守派は呉起の追い落としをはかって、しきりに陰謀をめぐらすようになる。身の危険を感じた呉起は、ついに魏を去った。前三八七年のことである。

魏を去った呉起は、南の楚《そ》の国に向かった。このころ、楚は悼《とう》王（在位・前四〇一～三八一年）の時代で、国政の刷新に乗り出していた。呉起は悼王によって宰相に任命され、またもや、めざましい治績をあげる。

「宰相としての呉起は、法体系を明確化した。また、不用不急の官位を廃止、遠縁の公族の官位を剝奪して、浮いた費用を兵士の給養にまわした。やがて兵力が充実すると、南は百越《ひゃくえつ》を平定し、北は陳《ちん》、蔡《さい》を併合、三晋《さんしん》（韓、魏、趙）を撃退し、西は秦を伐《う》った。かくて楚は、強大国として諸侯の脅威となった」（『史記』孫子呉起列伝）

だが、六年後、悼王の早すぎた死によって、呉起の運命も暗転する。特権を奪われた公族や重臣の恨みが呉起に向かって爆発するのだ。呉起はかれらのクーデターによって非業の死をとげる。呉起は、兵法家として傑出していたばかりでなく、政治家としても革新的な政治を断行して、魏、楚の富強に貢献した。だが、その一生は、今みてきたように必ずしも恵まれたものではなかった。「モーレツ人間」の悲劇と言ってよいかもしれない。

『呉子』の兵法

『呉子』という兵法書は、図国、料敵、治兵、論将、応変、励士の六篇から成っているが、以上のような波乱のドラマを生きた呉起の兵法論をまとめたものである。『韓非子《かんぴし》』に、「境内みな兵を言い、孫・呉の書を蔵する者は、家ごとにこれあり……」（五蠹《ごと》篇）とあるところからみて、当時から、呉起の書は、広く人々に読まれていたらしい。ただし、『漢書』芸文志には、「呉起四十八篇」とあるが、今に伝わるのは、ここに訳出した六篇だけである。残りの多くは散逸したものと思われる。

その兵法論の骨子をまとめてみると、次のようになるであろう。

一、あらかじめ諸国の優劣長短を研究し、そのうえに立って作戦計画を策定しておかなければならない。

二、兵士それぞれの能力、条件を見定め、それに応じて任務、役割を与えなければならない。

三、訓練は、少人数から始めて多人数に及ぼし、あらゆる変化を想定した訓練を行なわなければならない。
四、敵の虚実――つまり手薄な部分と強力な部分を見破り、手薄な部分に乗じて攻撃を加えなければならない。
五、敵の指揮官の性格や思考、行動上のパターンを研究し、その弱点につけこむことを考えなければならない。
六、つねに士気の高揚と物資の補給に意を用い、物心両面にわたって余力をたくわえておかなければならない。
七、作戦は、その時々の情況に応じて臨機応変に行ない、とくに「寡《か》」（少数）をもって「衆」（多数）を撃つことを心がける。
八、敵国においては粗暴な振舞いをつつしみ、敵国の人心を得るようにつとめなければならない。

これで明らかなように、『呉子』は、単なる戦略戦術の書ではなく、それの前提となるべき政治上の措置に多くのスペースがさかれている。そういう点では、『呉子』もまた政治優位の兵法書と言ってよい。

孫子

孫武子直解卷之上

始計第一　前辛亥科進士太原劉寅解

始初也計謀也此言國家將欲興師動衆君
臣必先定計於廟堂之上校量彼我之情而
知其勝負也故孫子以始計為第一篇

孫子曰兵者國之大事死生之地存亡之道不可
不察也

孫姓子尊稱之也齊人仕於吳著書十三篇
言兵者國家之大事乃六軍死生之

【第二】始《し》計《けい》篇

「兵《へい》は国《くに》の大事《だいじ》にして、死生《しせい》の地《ち》、存亡《ぞんぼう》の道《みち》なり」

「将《しょう》とは、智《ち》、信《しん》、仁《じん》、勇《ゆう》、厳《げん》なり」

「勢《せい》とは利《り》に因《よ》りて権《けん》を制《せい》するなり」

「兵《へい》は詭道《きどう》なり」

「能《のう》なるもこれに不能《ふのう》を示《しめ》し、用《よう》なるもこれに不用《ふよう》を示《しめ》す」

「その無備《むび》を攻め、その不意《ふい》に出《い》づ」

「いまだ戦《たたか》わずして廟算《びょうさん》勝《か》つ者《もの》は、算《さん》を得《う》ること多《おお》ければなり」

「算多《さんおお》きは勝《か》ち、算少《さんすく》なきは勝《か》たず。而《しか》るを況《いわん》や算《さん》なきに於《お》いてをや」

戦争には、国の存亡がかかっている。勝てば生き残るし、負ければ国を滅ぼしてしまう。それほどの重大事であるから、開戦にさいしては、政治、軍事などすべての面にわたって彼我の戦力を分析検討し、勝算我にありと見たら戦い、勝算なしと見きわめたら、戦いを避けるのが肝要である。いざ戦いとなったら、敵の意表をつく作戦で臨機応変に戦い、勝利をかちとらなければならない。ちなみに篇名の「始計」は、始めに計《はか》るの意。

【二】兵は国の大事

戦争は国家の重大事であって、国民の生死、国家の存亡がかかっている。それゆえ、細心な検討を加えなければならない。

■兵は凶器《きょうき》　考えてみると、人間の営為のなかで戦争ほど無駄なことはない。中国人はむかしから戦争について、「兵は不祥《ふしょう》の器《うつわ》」（『老子』）、「兵は凶器」（『史記』）と認識してきた。

『孫子』とならぶ兵法書の『尉繚子《うつりょうし》』にも、

「罪のない国には攻撃を加えず、抵抗しない人民は殺さない、戦争とはそもそもそうあるべきものだ。ところが、平気でひとの親を殺し、ひとの財貨を奪い、ひとの子女を奴隷としてはばからない。これでは、盗賊の所行と少しも変わりがないではないか。戦争とは、あくまでも暴逆を罰し、不義を討つための手段にすぎない」（武議篇）とある。

しかし、そう認識しながら戦争を根絶できなかったのは、まぎれもない事実であって、『孫子』のむかしから、数かぎりない戦争が戦われてきた。

『孫子』は冒頭でまず、戦争の重大性をズバリ指摘する。それを認識したうえで、戦争の法則性を研究せよというのだ。まことにきびしい指摘であると言わなければならない。そして、これが『孫子』十三篇を貫く根本の思想となっている。

孫子《そんし》曰《いわ》く、兵《へい》*は国《くに》の大事《だいじ》にして、死生《しせい》の地《ち》、存亡《ぞんぼう》の道《みち》なり。察《さっ》せざるべからず。

孫子曰、兵者国之大事、死生之地、存亡之道。不可不察也。

【二】五つの基本問題

それには、まず五つの基本問題をもって戦力を検討し、ついで、七つの基本条件をあてはめて彼我の優劣を判断する。

五つの基本問題とは、「道」「天」「地」「将」「法」にほかならない。

「道」とは、国民と君主を一心同体にさせるものである。これがありさえすれば、国民は、いかなる危険も恐れず、君主と生死を共にする。

「天」とは、昼夜、晴雨、寒暑、季節などの時間的条件を指している。

「地」とは、行程の間隔、地勢の険阻、地域の広さ、地形の有利不利などの地理的条件を指している。

「将」とは、知謀、信義、仁慈、勇気、威厳など将帥の器量にかかわる問題である。

「法」とは、軍の編成、職責分担、軍需物資の管理など、軍制に関する問題である。

この五つの基本原則は、将帥たるもの誰でも一応は心得ている。しかし、これを真に理解して

＊**兵**　兵という漢字には、兵器、戦争、軍隊、兵士などの意味があるが、ここでは戦争を指している。

いる者だけが勝利を収めるのだ。中途半端な理解では、勝利はおぼつかない。

■『孫子』は、戦力を検討する基本問題として、「道」「天」「地」「将」「法」の五項目をあげる。「道」とは大義名分の意である。中国人はむかしから「師を出《いだ》すに名《めい》（大義名分）あり」でなければならないと考えてきた。大義名分のない軍事行動は「無名の師」として退けられてきたのである。なぜ大義名分が必要なのか。言うまでもなく、それがなければ、将兵を奮起させることができず、挙国一致の態勢がとれないからである。「天」とは「天の時」、「地」とは「地の利」ということであろう。また、「将」とは将師たる者の資格条件を指している。『孫子』のあげる五条件は、将師だけではなく、広く組織のリーダーの条件として読んでも面白い。ちなみに「信」の原義は「約束を守ること」といったくらいの意味である。したがって公約を破るような政治家は、『孫子』をして言わしむれば、リーダー失格ということになろう。最後に、「法」とは軍制、軍律の意である。これがないと、兵士の一人ひとりがいかに強くても、軍としてのまとまりを欠き、たんなる烏《う》合《ごう》の衆と化してしまう。

故《ゆえ》に、これを経《はか》るに五事《ごじ》を以《も》ってし、これを校《くら》ぶるに計《けい》を以《も》ってして、その情《じょう》を索《もと》む。一《いち》に曰《いわ》く、道《みち》。二《に》に曰《いわ》く、天《てん》。三《さん》に曰《いわ》く、地《ち》。四《し》に曰《いわ》く将《しょう》。五《ご》に曰《いわ》く、法《ほう》。道《みち》とは、民《たみ》をして上《うえ》と意《い》を同《おな》じくせしむるなり。故《ゆえ》に以《も》ってこれと死《し》すべくこれと生《い》くべくして、危《あや》うきを畏《おそ》れず。天《てん》とは、陰陽《いんよう》、寒暑《かんしょ》、時制《じせい》なり。地《ち》とは、遠近《えんきん》、険易《けんい》、広狭《こうきょう》、死生《しせい》なり。将《しょう》とは、智《ち》、信《しん》、仁《じん》、勇《ゆう》、厳《げん》なり。法《ほう》とは、曲制《きょくせい》、官道《かんどう》、主用《しゅよう》なり。およその五者《ごしゃ》は、将《しょう》、聞《き》かざることなきも、これを知《し》る者《もの》は勝《か》ち、知《し》らざる者《もの》は勝《か》たず。

故経之以五事、校之以計、而索其情。一曰道。二曰天。三曰地。四曰将。五曰法。道者、令民与上同意也。故可以与之死、可以与之生、而不畏危。天者、陰陽、寒暑、時制也。地者、遠近、険易、広狭、死生也。将者、智、信、仁、勇、厳也。法者、曲制、官道、主用也。凡此五者、将莫不聞、知之者勝、不知者不勝。

【三】七つの基本条件

さらに、次の七つの基本条件に照らし合わせて、彼我の優劣を比較検討し、戦争の見通しをつける。

一、君主は、どちらが立派な政治を行なっているか。
二、将師は、どちらが有能であるか。
三、天の時と地の利は、どちらに有利であるか。
四、法令は、どちらが徹底しているか。
五、軍隊は、どちらが精強であるか。
六、兵卒は、どちらが訓練されているか。

軍船をこぐ兵士

七、賞罰は、どちらが公正に行なわれているか。

わたしは、この七つの基本条件を比較検討することによって、勝敗の見通しをつけるのである。

■政治優位の思想　たんに自国の戦力に検討を加えただけでは十分でない。己《おのれ》を知ると同時に敵を知らなければならない（謀攻篇）というのが『孫子』の基本認識である。ここで、七つの項目について比較検討しているわけだが、注目されなければならないのは、その検討対象が軍事力だけではなく、広く政治の面にまで及んでいることだ。つまり、孫武は「政治のよしあしが戦争の勝敗を決定する重要な要素である」と認めていたのである。考え方としては、現代の総力戦思想に近い。孫武はたんなる戦争のプロではなく、すぐれた政治指導者でもあった。そしてそのことは、今なお『孫子』十三篇が説得力を失わない理由の一つになっている。

故《ゆえ》に、これを校《くら》ぶるに計《けい》を以《も》ってして、その情《じょう》を索《もと》む。曰《いわ》く、主《しゅ》、孰《いず》れか有道《ゆうどう》なる、将《しょう》、孰《いず》れか有能《ゆうのう》なる、天地《てんち》、孰《いず》れか得《え》たる、法令《ほうれい》、孰《いず》れか行《おこ》なわる、兵衆《へいしゅう》、孰《いず》れか強《つよ》き、士卒《しそつ》、孰《いず》れか練《なら》いたる、賞罰《しょうばつ》、孰《いず》れか明《あき》らかなる、と。吾《われ》、これを以《も》って勝負《しょうふ》を知《し》る。

故校之以計、而索其情。曰、主孰有道、将孰有能、天地孰得、法令孰行、兵衆孰強、士卒孰練、賞罰孰明。吾以此知勝負矣。

【四】仕《つか》える条件

王が、もしわたしのはかりごとを用い、軍師として登用するなら、必ず勝利を収めることができる。それなら、わたしは貴国にとどまろう。逆にわたしのはかりごとを用いなければ、かりに軍師として戦いにのぞんだとしても、必ず敗れる、それなら、わたしは貴国にとどまる意志はない。

■『史記』孫子列伝によれば、孫武が呉王闔廬《こうりょ》に見《まみ》えたときの様子が次のように記されている。

「孫子武は斉人《せいひと》なり。兵法を以って呉王闔廬に見《まみ》ゆ。闔廬曰く、『子の十三篇われ尽《ことごと》くこれを観《み》る。以って少しく試みに兵を勒《ろく》すべきか』対《こた》えて曰く、『可《か》なり』。闔廬曰く、『試みに婦人を以ってすべきか』。曰く、『可なり』」

ということで、このあと孫武が婦人部隊を練兵する有名な場面が紹介されている。この『史記』の記述によると、孫武は、すでに『孫子』十三篇を著し、それをもって闔廬に謁見を求めたことがわかる。したがって、訳文に王とあるのは闔廬、貴国とあるのは呉の国のことである。孫武は、このときの実地試験にパスし、闔廬の軍師としてとどまることになった。

もし吾《わ》が計《けい》を聴《き》かば、これを用《もち》いて必《かなら》ず勝《か》たん。これに留《とど》まらん。もし吾《わ》が計《けい》を聴《き》かずんば、これを用《もち》うるも、必《かなら》ず敗《やぶ》れん。これを去《さ》らん。

将聴吾計、用之必勝。留之。将不聴吾計、用之必敗。去之。

【五】基本と応用

さて、以上述べた七つの基本条件において、こちらが有利であるとしよう。次になすべきことは、「勢《せい》」を把握して、基本条件を補強することである。「勢」とは、その時々の情況にしたがって、臨機応変に対処することをいう。

■ここで述べられているのは、基本と応用の問題である。基本に忠実であること、これが大前提であることは言うまでもないが、しかし、それだけでは勝てない。勝つためには、基本と応用の両面に熟達する必要がある。原則は書物からでも学ぶことができる。だが、応用を身につけるには実戦経験を積まなければならない。

ここで、テレビの野球放送にスイッチを入れたら、「巨人の若手は工夫が足りない。基本はまあまあできているが、応用問題を解く力に欠けている」と解説者が歎いていた。野球でも同じことなのかもしれない。

計《けい》、利《り》として以《も》って聴《き》かるれば、すなわちこれが勢《せい》をなして、以《も》ってその外《そと》を佐《たす》く。勢《せい》とは利《り》に因《よ》りて権《けん》を制《せい》する＊なり。

計利以聴、乃為之勢、以佐其外。勢者因利而制権也。

【六】兵は詭道《きどう》なり

戦争は、しょせん、だまし合いである。

たとえば、できるのにできないふりをし、必要なのに不必要と見せかける。遠ざかると見せかけて近づき、近づくと見せかけて遠ざかる。有利と思わせて誘い出し、混乱させて突き崩す。充実している敵には退いて備えを固め、強力な敵に対しては戦いを避ける。わざと挑発して消耗させ、低姿勢に出て油断をさそう。休養十分な敵は奔命に疲れさせ、団結している敵は離間をはかる。敵の手薄につけこみ、敵の意表をつく。

これが勝利を収める秘訣である。これは、あらかじめこうだときめてかかることはできず、たえず臨機応変の運用を心がけなければならない。

■ボクシングもだまし合い　「ボクシングはしょせんだまし合いだ」と言ったのは、異質な才能で連続六度防衛の記録を残した元世界ジュニアミドル級チャンピオンの輪島功一だった。かれはまた「自分より高度の技をもっている相手を打ち負かすには、敵の戦術の裏

＊**権を制す**　臨機応変に対応すること。

の裏をかいて戦った」とも語っている。これなど、明らかに『孫子』の兵法の要諦にかなっていたと言えよう。

■司馬仲達《しばちゅうたつ》の猫かぶり作戦

古来から、名将・智将といわれた者のなかには、この「だまし合い」に長《た》けた者が多い。魏《ぎ》の将軍の司馬懿《しばい》（字《あざな》は仲達）もその一人だった。二二八年、上庸《じょうよう》の孟達《もうたつ》を攻めたときには、快進撃を続けて電光石火攻め滅ぼしたのに対し、十年後に遼東《りょうとう》の公孫淵《こうそんえん》を包囲したときには、のんびり構えていっかな攻撃にかかろうとしない。しびれを切らした参謀が、「先年、上庸の孟達を攻めたときは、全軍、昼夜兼行で進撃し、わずか五日であの堅城を落とし、孟達を斬って捨てました。このたびは長途の遠征にもかかわらず、このようにのんびり構えておられるとは。なにとぞ仔細をお聞かせください」

とつめ寄ったところ、仲達はこう答えたという。

「いや、あのときとこんどの場合とでは情況がまったく違う。よいか、戦《いくさ》というのはだまし合いじゃよ。情況がちがえば作戦もちがってくる。今の相手は大軍のうえに雨という味方までついている。食糧不足にはおちいっているが、なかなか参ったとは言うまい。ここは、わざと手も足も出ないふりをして相手を安心させるのが上策。目先の利益につられて、ちょっかいを出すのは、下策以外のなにものでもない」

猫かぶり戦術で相手の油断をさそった仲達は、やがて機を見て猛攻撃に転じ、いっきょに公孫淵を撃ち破ったのである。

兵《へい》は詭道《きどう》なり*。故《ゆえ》に能《のう》なるもこれに不能《ふのう》を示《しめ》し、用《よう》なるもこれに不用《ふよう》を示《しめ》し、近《ちか》くともこれに遠《とお》きを示《しめ》し、遠《とお》くともこれに近《ちか》きを示《しめ》し、利《り》にしてこれを誘《さそ》い、乱《らん》にしてこれを取《と》り、実《じつ》にしてこれに備《そな》え、強《きょう》にしてこれを避《さ》け、怒《ど》にしてこれを撓《みだ》し、卑《ひ》にしてこれを驕《おご》らせ、佚《いつ》*にしてこれを労《ろう》し、親《しん》にしてこれを離《はな》す。その無備《むび》を攻《せ》め、その不意《ふい》に出《い》づ。これ兵家《へいか》の勝《しょう》にして、先《せん》には伝《つた》うべからざるなり。

兵者詭道也。故能而示之不能、用而示之不用、近而示之遠、遠而示之近、利而誘之、乱而取之、実而備之、強而避之、怒而撓之、卑而驕之、佚而労之、親而離之。攻其無備、出其不意。此兵家之勝、不可先伝也。

*詭道　相手の眼をくらまし、判断を惑わすこと。

*佚　たっぷり休養をとって、戦力が充実している状態。

【七】勝利の見通し

開戦に先だつ作戦会議で、勝利の見通しが立つのは、勝利するための条件がととのっているからである。逆に、見通しが立たないのは、条件がととのっていないからである。条件がととのっていれば勝ち、ととのっていなければ敗れる。勝利する条件がまったくなかったら、まるで問題にならない。

この観点に立つなら、勝敗は戦わずして明らかとなる。

――■「勝算がなければ戦わない」（謀攻篇）というのが『孫子』の基本認識である。自国の戦力、彼我の優劣を検討するのは、みな勝算のあるなしを明らかにするためである。それは可能であり、しかも必要不可欠な前提であると孫武は考えている。

山本五十六元帥は昭和の提督のなかでは一、二を争う名将だとされている。しかし、その彼にして、太平洋戦争の開戦にあたって「一年ぐらいは存分にあばれてみせる。しかし、その先のことはわからない」と語ったという。他は推して知るべし。勝利の見通しもなしに始められた大東亜戦争は、『孫子』に言わせれば、もっとも拙劣な戦争であった。

それいまだ戦《たたか》わずして廟算《びょうさん》＊勝《か》つ者《もの》は、算《さん》を得《う》ること多《おお》ければなり。いまだ戦《たたか》わずして廟算《びょうさん》勝《か》たざる者《もの》は、算《さん》を得《う》ること少《すく》なければなり。算多《さんおお》きは勝《か》ち、算少《さんすく》なきは勝《か》たず。而《しか》るを況《いわん》や算《さん》なきに於《お》いてをや。吾《われ》、これを以《も》ってこれを観《み》れば、勝負見《しょうふあら》わる。

夫未戦而廟算勝者、得算多也。未戦而廟算不勝者、得算少也。多算勝、少算不勝。而況於無算乎。吾以此観之、勝負見矣。

＊**廟算**　廟とは王家の先祖を祠った宗廟。当時は、開戦に先だってそこで最高作戦会議が開かれた。それを「廟算」という。

【第二】

作《さく》戦《せん》篇

「日《ひ》に千金《せんきん》を費《ついや》して、然《しか》る後《のち》に十万《じゅうまん》の師《し》挙《あ》がる」

「兵《へい》は拙速《せっそく》を聞《き》くも、いまだ巧《こう》の久《ひさ》しきを睹《み》ざるなり」

「兵《へい》久《ひさ》しくして国利《くにり》あるは、いまだこれあらざるなり」

「善《よ》く兵《へい》を用《もち》うる者《もの》は、役《えき》、再籍《さいせき》せず、糧《りょう》、三載《さんさい》せず」

「智将《ちしょう》は務《つと》めて敵《てき》に食《は》む」

「兵《へい》は勝《か》つことを貴《たっと》び、久《ひさ》しきを貴《たっと》ばず」

戦争には莫大な費用がかかる。まして長途の遠征ともなれば、なおさらである。負ければむろんのこと、かりに勝ったとしても、国力の疲弊を招き、はては国まで滅ぼしかねない。まさしく「兵は拙速《せっそく》を聞くも、いまだ巧《こう》の久しきを睹《み》ざるなり」である。だから一国のリーダーは、やむをえず戦争に訴えることがあっても、長期戦は避けて、短期収束をはからなければならない。そうあってこそ、はじめて国の安危《あんき》を託すことができるのである。

【二】戦争には莫大な費用がかかる

およそ戦争というのは、戦車千台、輸送車千台、兵卒十万もの大軍を動員して、千里の遠方に糧秣《りょうまつ》を送らなければならない。したがって、内外の経費、外交使節の接待、軍需物資の調達、車輛・兵器の補充などに、一日千金もの費用がかかる。さもないと、とうてい十万もの大軍を動かすことができない。

■孫武の時代は、戦車による車戦で勝敗を決した。ただし、戦車といっても、馬に引かせた車、すなわち馬車である。一台の戦車には原則として三人の戦士が乗り、これを四頭の馬に引かせた。各戦車にはそれぞれ農民兵が従卒として従ったが、その数は七十五人説、三十人説、十人説などがあってはっきりしない。戦車千台の軍備を有する国を「千乗《せんじょう》の国」と称したが、これは当時にあっては相当な大国と言ってよい。

ここで『孫子』はまず、戦争には莫大な費用がかかることを力説する。孫武の時代、中国には何十もの国が分立し、血みどろの武力抗争に明けくれていた。戦争には、国の存亡がかかっている。負ければもちろん、たとい勝ったとしても、へたな勝ち方をすれば、国力を消耗して、国の滅亡を招きかねない。

では、どうするか。

軍の主将が乗った駟

孫子《そんし》曰《いわ》く、およそ兵《へい》を用《もち》うるの法《ほう》は、馳車千駟《ちしゃせんし》*、革車千乗《かくしゃせんじょう》*、帯甲十万《たいこうじゅうまん》にて、千里《せんり》*に糧《りょう》を饋《おく》る。則《すなわ》ち内外《ないがい》の費《つい》え、賓客《ひんかく》の用《よう》、膠漆《こうしつ》の材《ざい》*、車甲《しゃこう》の奉《ほう》、日《ひ》に千金《せんきん》を費《つい》やして、然《しか》る後《のち》に十万《じゅうまん》の師《し》挙《あ》がる。

孫子曰、凡用兵之法、馳車千駟、革車千乗、帯甲十万、千里饋糧。則内外之費、賓客之用、膠漆之材、車甲之奉、日費千金、然後十万之師挙矣。

*馳車千駟　馳車は軽戦車。駟は四頭立ての馬車。当時の戦車は馬に引かせた車であった。千駟は千台という意味。

*革車千乗　革車は重装備の戦車。千乗は千台。

*千里　およそ四百キロ。

*膠漆の材　ニカワとウルシ。ともに装備の補強に使う。

【二】兵は拙速《せっそく》を聞く

たとい戦って勝利を収めたとしても、長期戦ともなれば、軍は疲弊し、士気も衰える。城攻めをかけたところで、戦力は底をつくばかりだ。長期にわたって軍を戦場にとどめておけば、国家の財政も危機におちいる。

こうして、軍は疲弊し、士気は衰え、戦力は底をつき、財政危機に見舞われれば、その隙に乗じて、他の諸国が攻めこんでこよう。こうなっては、どんな知恵者がいても、事態を収拾することができない。

短期決戦に出て成功した例は聞いても、長期戦に持ちこんで成功した例は知らない。そもそも、長期戦が国家に利益をもたらしたことはないのである。それ故、戦争による損害を十分に認識しておかなければ、戦争から利益をひき出すことはできないのだ。

■明治の指導者と昭和の指導者

「兵は拙速を聞く」——短期決戦によって早期収束をは

かるのが『孫子』の兵法の原則である。ずるずると長期戦に引きずりこまれれば、たとい勝ったとしても、ろくな結果にはならない。

ここで思い出されるのは、明治の指導者と昭和の指導者の違いである。日露戦争は、当時の日本にとっては、国の命運をかけた戦いであった。幸い、戦《いくさ》そのものは連戦連勝の勢いで勝ち進んだ。陸軍は奉天の会戦で大勝利を収め、海軍は日本海海戦で、敵のバルチック艦隊を壊滅させ、国民は勝った、勝ったで浮かれ騒いだ。しかし、当時の指導者は、国力の限界を見きわめる冷静な判断力を失わず、早期終結に踏みきった。

これに対し、昭和の指導者、とくに軍部は、かれら自身が「勝った、勝った」で浮かれてしまい、早期収束などいっこうに考えようとしなかった。その結果、泥沼のような長期戦に巻きこまれ、ついには国まで滅亡の瀬戸際におちいらせてしまったのである。

その戦《たたか》いを用《もち》うるや、勝《か》つも久《ひさ》しければ、則《すなわ》ち兵《へい》を鈍《にぶ》らし鋭《えい》を挫《くじ》く。城《しろ》を攻《せ》むれば、則《すなわ》ち力屈《ちからくっ》す。久《ひさ》しく師《し》を暴《さら》さば、則《すなわ》ち国用《こくよう》足《た》らず。それ兵《へい》を鈍《にぶ》らし鋭《えい》を挫《くじ》き、力《ちから》を屈《くっ》し貨《か》を殫《つ》くさば、則《すなわ》ち諸侯《しょこう》*、その弊《へい》に乗《じょう》じて起《お》こらん。智者《ちしゃ》ありと雖《いえど》も、その後《あと》を善《よ》くすること能《あた》わず。故《ゆえ》に兵《へい》は拙《せっ》速《そく》*を聞《き》くも、いまだ巧《こう》の久《ひさ》しき*を睹《み》ざるなり。それ兵久《へいひさ》しくして国利《くにり》あるは、いまだこれあらざるなり。故《ゆえ》に尽《ことごと》く用兵《ようへい》の害《がい》を知《し》らざれば、則《すなわ》ち尽《ことごと》く用兵《ようへい》の利《り》を知《し》ること能《あた》わざるなり。

其用戦也、勝久則鈍兵挫鋭。攻城則力屈。久暴師則国用不足。夫鈍兵挫鋭、屈力殫貨、則諸侯乗

***諸侯**　周王朝から封じられた大名家。このころには実質的な独立国となっていた。

***拙速**　やり方が拙劣でも時間がかからない。

***巧の久しき**　やり方が巧みでも時間がかかること。

其弊而起。雖有智者、不能善其後矣。故兵聞拙速、未睹巧之久也。夫兵久而国利者、未之有也。故不尽知用兵之害者、則不能尽知用兵之利也。

【三】智将は敵に食《は》む

戦争指導にすぐれている君主は、壮丁の徴発や糧秣の輸送を二度三度と追加することはしない。装備は自国でまかなうが、糧秣はすべて敵地で調達する。だから、糧秣の欠之に悩まされることはない。

戦争で国力が疲弊するのは、軍需物資を遠方まで輸送しなければならないからである。したがって、それだけ人民の負担が重くなる。また、軍の駐屯地では、物価の騰貴を招く。物価が騰貴すれば、国民の生活は困窮し、租税負担の重さに苦しむ。かくして、国力は底をつき、国民は窮乏のどん底につきおとされ、全所得の七割までが軍事費にもっていかれる。また、国家財政の六割までが、戦車の破損、軍馬の損失、武器・装備の損耗、車輛の損失などによって失われてしまう。

こういう事態を避けるため、知謀にすぐれた将軍は、糧秣を敵地で調達するように努力する。敵地で調達した穀物一鍾《しょう》は自国から運んだ穀物の二十鍾分に相当し、敵地で調達した飼料一石《せき》は自国から運んだ飼料の二十石分に相当するのだ。

■敵地で調達するといっても、民衆から略奪することではない。正当な代価を支払って買い上げるのである。もっとも戦いの結果としての鹵獲品《ろかく》はそのかぎりでない。要するに、ここで『孫子』が言っているのは輸送費節減の問題であり、そのための現地調達なのである。

善《よ》く兵《へい》を用《もち》うる者《もの》は、役《えき》、再籍《さいせき》せず、＊糧《りょう》、三載《さんさい》せず。＊用《よう》を国《くに》に取《と》り、糧《りょう》を敵《てき》に因《よ》る。故《ゆえ》に軍食《ぐんしょく》足《た》るべきなり。国《くに》の師《し》に貧《ひん》するは、遠《とお》く輸《おく》ればなり。遠《とお》く輸《おく》れば、則《すなわ》ち百姓《ひゃくせい》貧《まず》し。師《し》に近《ちか》き者《もの》は貴売《きばい》す。貴売《きばい》すれば、則《すなわ》ち百姓《ひゃくせい》、財竭《ざいつ》く。財竭《ざいつ》くれば、則《すなわ》ち丘役《きゅうえき》＊に急《きゅう》なり。力屈《ちからくっ》し財殫《ざいつ》き、中原《ちゅうげん》の内《うち》、家《いえ》に虚《むな》し。百姓《ひゃくせい》の費《つい》え、十《じゅう》にその七《しち》を去《さ》る。公家《こうか》の費《つい》え、破車罷馬《はしゃひば》、甲冑矢弩《かっちゅうしど》、戟楯蔽櫓《げきじゅんへいろ》＊、丘牛《きゅうぎゅう》＊大車《たいしゃ》、十《じゅう》にその六《ろく》を去《さ》る。故《ゆえ》に智将《ちしょう》は務《つと》めて敵《てき》に食《は》む。敵《てき》の一鍾《いっしょう》＊を食《は》むは、吾《わ》が二十鍾《にじっしょう》に当《あ》たり、𦬷秆《きかん》一石《いっせき》＊は、吾《わ》が二十石《にじっせき》に当《あ》たる。

善用兵者、役不再籍、糧不三載。取用於国、因糧於敵。故軍食可足也。国之貧於師者遠輸。遠輸則百姓貧。近於師者貴売。貴売則百姓財竭。財竭則急於丘役。力屈財殫、中原内虚於家。百姓之費、十去其七。公家之費、破車罷馬、甲冑矢弩、戟楯蔽櫓、丘牛大車、十去其六。故智将務食於敵。食敵一鍾、当吾二十鍾、𦬷秆一石、当吾二十石。

＊**役、再籍せず**　役は兵役、再籍は二度にわたって徴用すること。名将は戦いを早期に終結させるので、二度徴用することはしないの意。

＊**糧、三載せず**　載は車にのせて運ぶこと。軍糧を三回も戦場に運ぶことはしないの意。

＊**丘役**　丘は古代の行政単位。今でいえば村にあたる。村ごとに軍役を課したので丘役という。

＊**蔽櫓**　大盾でおおった攻城用の兵器。

＊**丘牛**　大牛に引かせた輜重車。

【四】勝ってますます強くなる

兵士を戦いに駆りたてるには、敵愾心《てきがいしん》を植えつけなければならない。また、敵の物資を奪取させるには、手柄に見合うだけの賞賜を約束しなければならない。それ故、敵の戦車十台以上も奪う戦果があったときは、まっさきに手柄をたてた兵士を表彰する。そのうえで、捕獲した戦車は軍旗をつけかえて味方の兵士を乗りこませ、また俘虜にした敵兵は手厚くもてなして自軍に編入するがよい。

勝ってますます強くなるとは、これをいうのだ。

戦争は勝たなければならない。したがって、長期戦を避けて早期に終結させなければならない。この道理をわきまえた将軍であってこそ、国民の生死、国家の安危を託すに足るのである。

＊一鍾　六斛四斗。今の一二〇リットルに相当するという。

＊萁秆一石　萁は豆がら、秆はあわがら。ともに牛馬の飼料。一石は一二〇斤。

■敵の軍需工場はわれらの武器庫

敵の装備や兵器を奪取して味方の戦力を増大させていけば、「勝ってますます強くなる」のも道理である。近年これをやって、みごと『孫子』の説を実証してくれたのが、中国の人民解放軍である。第二次世界大戦中、連合軍はしきりに蔣介石の国民政府軍に武器・弾薬をはじめ、さまざまな軍需物資を援助した。国民政府軍は日本軍との戦いを回避して、もっぱら共産党との内戦に、それらの武器や軍需物資を投入したが、次々に敗北を喫し、連合国からの援助物資は国民政府を経由して共産党の側に渡っていったのである。だから、当時、毛沢東は、満々たる自信をもって、こう言い切ることができたのだ。

「われわれの基本方針は、帝国主義と国内の敵の軍需工業に依存することである。われわれはロンドンと漢陽の軍需工場に権利をもっており、しかも敵の輸送隊がこれを運んでくれる。これは真理であって、けっして笑い話ではない」（『中国革命戦争の戦略問題』）。

■人事管理のコツ　このくだりはまた、企業の人事管理の参考にもすることができる。「敵を殺すものは怒りなり、敵の利を取るものは貨なり」とは、①やる気を起こさせる、②業績は正当に評価してやる、ということに通じよう。

故《ゆえ》に敵《てき》を殺《ころ》すものは怒《いか》りなり。敵《てき》の利《り》を取《と》るものは貨《か》なり。故《ゆえ》に車戦《しゃせん》して車十乗已上《くるまじゅうじょういじょう》を得《う》れば、その先《ま》ず得《え》たる者《もの》を賞《しょう》し、而《しか》してその旌旗《せいき》を更《か》え、車《くるま》は雑《まじ》えてこれに乗《の》り、卒《そつ》は善《よ》くしてこれを養《やしな》う。これを敵《てき》に勝《か》ちて強《きょう》を益《ま》すと謂《い》う。故《ゆえ》に兵《へい》は勝《か》つことを貴《たっと》び、久《ひさ》しきを貴《たっと》ばず。故《ゆえ》に兵《へい》を知《し》るの将《しょう》は、生民《せいみん》の司命《しめい》＊、国家安危《こっかあんき》の主《しゅ》なり。

故殺敵者怒也。取敵之利者貨也。故車戦得車十乗已上、賞其先得者、而更其旌旗、車雑而乗之、卒善而養之。是謂勝敵而益強。故兵貴勝、不貴久。故知兵之将、生民之司命、国家安危之主也。

＊**司命**　生命を司るもの。

【第三】

謀《ぼう》攻《こう》篇

「兵《へい》を用《もち》うるの法《ほう》は、国《くに》を全《まっと》うするを上《じょう》となし、
国《くに》を破《やぶ》るはこれに次《つ》ぐ」

「百戦百勝《ひゃくせんひゃくしょう》は善《ぜん》の善《ぜん》なるものに非《あら》ず。

戦《たたか》わずして人《ひと》の兵《へい》を屈《くっ》するは善《ぜん》の善《ぜん》なるものなり」

「上兵《じょうへい》は謀《ぼう》を伐《う》つ。その次《つぎ》は交《こう》を伐《う》つ。その次《つぎ》は兵《へい》を伐《う》つ。

その下《げ》は城《しろ》を攻《せ》む」

「小敵《しょうてき》の堅《けん》は、大敵《たいてき》の擒《きん》なり」

「上下《じょうげ》欲《よく》を同《おな》じくする者《もの》は勝《か》つ」

「虞《ぐ》を以《も》って不虞《ふぐ》を待《ま》つ者《もの》は勝《か》つ」

「彼《かれ》を知《し》り己《おのれ》を知《し》れば、百戦《ひゃくせん》して殆《あや》うからず」

武力の対決ともなれば、必ず味方にも損害が出る。損害が大きければ大きいほど、かりに勝ったとしても誉《ほ》められた勝ち方ではない。武力を使わないで勝つことが最善の勝利である。そのためには、事前に相手の意図を見破り、外交交渉に訴えて目的を達することが優先されなければならない。また、勝利をめざすためには、「彼を知り己を知る」ことが大前提になる。リーダーはこのことを銘記してかからなければならない。

【二】百戦百勝は、最善ではない

戦争のしかたというのは、敵国を傷《いた》めつけないで降服させるのが上策である。撃破して降服させるのは次善の策にすぎない。また、敵の軍団にしても、傷めつけないで降服させるのが上策であって、撃破して降服させるのは次善の策だ。大隊、中隊、小隊についても、同様である。

したがって、百回戦って百回勝ったとしても、最善の策とはいえない。戦わないで敵を降服させることこそが、最善の策なのである。

■クラウゼビッツと『孫子』「戦争とは、まったく政治の道具であり、政治的諸関係の継続であり、他の手段をもってする政治の実行である」「戦争は手段であり、目的は政治的意図である。そしていかなる場合でも、手段は目的を離れては考えることができないのである」。プロシアの将軍クラウゼビッツがその著『戦争論』のなかでこう説いたのは、一九世紀の初めのことであるが、『孫子』は目的とか手段といったことばこそ使っていないが、すでに二千数百年もまえに、これと同じ認識を確固として抱いていた。

『孫子』にとって、戦争は政治目的を達するための手段にすぎない。戦争であるからには当然勝つことが要請される。『孫子』も以下の各章において、勝つための方法条件をあらゆる角度から分析し、検討を加えている。しかし、勝つことはあくまでも手段であって、目的ではない。しかも、戦争には莫大な費用がかかることはすでに明らかにしたところである。そこから、「百戦百勝は最善の策ではない。戦わないで勝つことがベストだ」という認識が生まれてくるのである。

孫子曰《そんしいわ》く、およそ兵《へい》を用《もち》うるの法《ほう》は、国《くに》を全《まっと》うするを上《じょう》となし、国《くに》を破《やぶ》るはこれに次《つ》ぐ。軍《ぐん》*を全《まっと》うするを上《じょう》となし、軍《ぐん》を破《やぶ》るはこれに次《つ》ぐ。旅《りょ》*を全《まっと》うするを上《じょう》となし、旅《りょ》を破《やぶ》るはこれに次《つ》ぐ。卒《そつ》*を全《まっと》うするを上《じょう》となし、卒《そつ》を破《やぶ》るはこれに次《つ》ぐ。伍《ご》*を全《まっと》うするを上《じょう》となし、伍《ご》を破《やぶ》るはこれに次《つ》ぐ。この故《ゆえ》に、百戦百勝《ひゃくせんひゃくしょう》は善《ぜん》の善《ぜん》なるものに非《あら》ず。戦《たたか》わずして人《ひと》の兵《へい》を屈《くっ》するは善《ぜん》の善《ぜん》なるものなり。

孫子曰、凡用兵之法、全国為上、破国次之。全軍為上、破軍次之。全旅為上、破旅次之。全卒為上、破卒次之。全伍為上、破伍次之。是故百戦百勝、非善之善者也。不戦而屈人之兵、善之善者也。

【二】上兵は謀《ぼう》を伐《う》つ

したがって最高の戦い方は、事前に敵の意図を見破ってこれを封じることである。これに次ぐのは、敵の同盟関係を分断して孤立させること。第三が戦火を交えること。そして最低の策は、城攻めに訴えることである。城攻めというのは、やむなく用いる最後の手段にすぎない。

***軍、旅、卒、伍**　中国古代における軍編成の単位。一説によると、軍は一万二五〇〇人、旅は五〇〇人、卒は一〇〇人、伍は五人をもって編成された。

城攻めを行なおうとすれば、大盾《おおだて》や装甲車など攻城兵器の準備に三カ月はかかる。土塁を築くにも、さらに三カ月を必要とする。そのうえ、血気にはやる将軍が、兵士をアリのように城壁にとりつかせて城攻めを強行すれば、どうなるか。兵力の三分の一を失ったとしても、落とすことはできまい。城攻めは、これほどの犠牲をしいられるのである。

■「戦わないで勝つことがベストだ」とすれば、武力の行使よりも政治戦略が重視されることになる。洋の東西を問わず、すぐれた戦争指導者はいずれも戦わずに敵の意図を封じ込めることを最重点目標としてきた。

わが国で、戦わずに勝つことを心がけた武将としては、さしずめ豊臣秀吉あたりが筆頭格であろう。中国地方の経略などはその好例で、播磨、但馬、備前を取るのに、ほとんど合戦らしい合戦をやっていない。外交、謀略などを使って、相手を手なずけ、降服させたのだ。後に、最大の難敵となった家康を臣従させたのも、外交交渉によるところが大であった。できるだけ戦いを避け、政治戦略で相手を降服させることができれば、味方の戦力を無傷のまま温存することができる。秀吉が信長のなしえなかった天下統一の大業を比較的短時日のあいだに完成させることのできた秘訣の一つはこれであった。

故《ゆえ》に上兵《じょうへい》は謀《ぼう》を伐《う》つ。その次《つぎ》は交《こう》を伐《う》つ。その次《つぎ》は兵《へい》を伐《う》つ。その下《げ》は城《しろ》を攻《せ》む。城《しろ》を攻《せ》むるの法《ほう》は、已《や》むを得《え》ざるがためなり。櫓《ろ》*、轒轀《ふんおん》*を修《おさ》め、器械《きかい》を具《そな》う。三月《みつき》にして後《のち》に成《な》る。距闉《きょいん》*また三月《みつき》にして後《のち》に已《や》む。将《しょう》その忿《いか》りに勝《た》えずして、これに蟻附《ぎふ》*せしめ、士《し》を殺《ころ》すこと三分《さんぶん》の一《いち》に

＊櫓　地面に立てて敵の矢や石を防ぐ大型の盾。

＊轒轀　攻城用の四輪車。外側を牛皮でおおい、なかに十人ほどの兵士が乗り込んで城壁に近づき、堀を埋めるのに使う。

＊距闉　城攻めのために築く土塁。

＊蟻附　蟻のように城壁にとりつくこと。

して、城《しろ》抜《ぬ》けざるは、これ攻《こう》の災《わざわ》いなり。

故上兵伐謀。其次伐交。其次伐兵。其下攻城。攻城之法、為不得已。修櫓轒轀、具器械。三月而後成。距闉又三月而後已。将不勝其忿、而蟻附之、殺士三分之一、而城不抜者、此攻之災也。

【三】戦わずして勝つ

したがって、戦争指導にすぐれた将軍は、武力に訴えることなく敵軍を降服させ、城攻めをかけることなく敵城をおとしいれ、長期戦にもちこむことなく敵国を屈服させるのである。すなわち、相手を傷めつけず、無傷のまま味方にひきいれて、天下に覇をとなえる。かくてこそ、兵力を温存したまま、完全な勝利を収めることができるのだ。

これが、知謀にもとづく戦い方である。

■塚原卜伝《ぼくでん》の無手勝流　「戦わずして勝つ」は戦争だけではなく、個人の処世にも応用することができる。剣をとらせては、戦国時代きっての達人と称された塚原卜伝が、諸国漫遊中、とある渡し場の舟のなかで、一人の武芸者と口論になった。相手が「何流か」ときくので「無手勝流だ。刀を抜くのは未熟な証拠である」とやりかえしたところ、相手の武芸者が激怒し、「ならばこの場で決着をつけよう」と試合をいどんできた。卜伝は、「よろしい。ここは船中ゆえ人の迷惑になる。向こうに島があるから、あそこで心ゆくまで勝負

をつけよう」と言って舟を島へ向けさせた。舟が島へ近づくと、武芸者は待ちかねたように大刀を抜き、身をひるがえして島へとんだ。すると卜伝は、船頭の水棹を手にして舟を沖のほうに押しやり、「無手勝流とはこれだ。そこでゆっくりと休息なさるがよい」と叫んだという。

「戦わずして勝つ」とは、つまり武力ではなく、頭脳で戦うことと言ってもよい。現代風に言えば、企画力で勝負するのである。

故《ゆえ》に善《よ》く兵《へい》を用《もち》うる者《もの》は、人《ひと》の兵《へい》を屈《くっ》するも、戦《たたか》うに非《あら》ざるなり。人《ひと》の城《しろ》を抜《ぬ》くも、攻《せ》むるに非《あら》ざるなり。人《ひと》の国《くに》を毀《やぶ》るも、久《ひさ》しきに非《あら》ざるなり。必《かなら》ず全《まった》きを以《も》って天下《てんか》に争《あらそ》う。故《ゆえ》に兵頓《へいやぶ》れずして、利《り》全《まった》かるべし。これ謀攻《ぼうこう》の法《ほう》なり。

故善用兵者、屈人之兵、而非戦也。抜人之城、而非攻也。毀人之国、而非久也。必以全争於天下。故兵不頓、而利可全。此謀攻之法也。

【四】勝算がなければ戦わない

戦争のしかたは、次の原則にもとづく。

一、十倍の兵力なら、包囲する

二、五倍の兵力なら、攻撃する
三、二倍の兵力なら、分断する
四、互角の兵力なら、勇戦する
五、劣勢の兵力なら、退却する
六、勝算がなければ、戦わない
七、味方の兵力を無視して、強大な敵にしゃにむに戦いを挑めば、あたら敵の餌食になるばかりだ。

■劉邦と家康と次郎長　『孫子』の考え方は、きわめて柔軟かつ合理的である。つまり無理がないのだ。その特徴がこのくだりにもよく表われている。「小敵の堅は、大敵の擒なり」で、『孫子』の兵法には、かつての日本軍が得意とした玉砕戦法などはない。兵力劣勢ならば逃げよと言い切っている。玉砕してしまったのでは、元も子もない。逃げて戦力を蓄えておけば、いつの日か勝利を期待できるというわけだ。

逃げ足の早かった点では、漢の高祖劉邦《りゅうほう》などがその典型である。項羽《こうう》に天下分け目の戦いを挑んだとき、しばしば苦杯を喫したが、そのたびに逃げて戦力を立てなおし、ついに項羽を撃ち破っている。日本の例をあげれば、「逃げ逃げの家康天下取る」と称された徳川家康も逃げ足が早かったし、「東海道一の大親分」と称された清水次郎長も、相手の力が一枚上だと見ると、さっさと逃げ出すのが常だったという。戦争でも喧嘩でも、大をなす者は、逃げのテクニックにたけていたのだ。

■逃げるのは積極戦略　現代の企業経営においても、Ｇｏ！サインは誰にでも出しやすい。トップとしての資格が問われるのは、形勢利あらず、劣勢に立たされたときの判断である。撤退の時期を誤らないことこそすぐれた経営者の条件といえる。そのさい、撤退とは反転攻撃に出るための準備であることを銘記したい。けっして敗北思想ではなく、むしろ勝利をめざす積極戦略なのである。

故《ゆえ》に兵《へい》を用《もち》うるの法《ほう》、十《じゅう》なれば、則《すなわ》ちこれを囲《かこ》み、五《ご》なれば、則《すなわ》ちこれを攻《せ》め、倍《ばい》すれば、則《すなわ》ちこれを分《わ》かち、敵《てき》すれば、則《すなわ》ち能《よ》くこれと戦《たたか》い、少《すく》なければ、則《すなわ》ち能《よ》くこれを逃《のが》れ、若《し》かざれば、則《すなわ》ち能《よ》くこれを避《さ》く。故《ゆえ》に小敵《しょうてき》の堅《けん》は、大敵《たいてき》の擒《きん》なり。

故用兵之法、十則囲之、五則攻之、倍則分之、敵則能戦之、少則能逃之、不若則能避之。故小敵之堅、大敵之擒也。

【五】君主の口出し

将軍というのは、君主の補佐役である。補佐役と君主の関係が親密であれば、国は必ず強大となる。逆に、両者の関係に親密さを欠けば、国は弱体化する。

このように、将軍は重要な職責を担っている。それ故、君主がよけいな口出しをすれば、軍を危機に追いこみかねない。それには、次の三つの場合がある。

第一に、進むべきときでないのに進撃を命じ、退くべきときでないのに退却を命じる場合である。これでは、軍の行動に、手かせ足かせをはめるようなものだ。

第二に、軍内部の実情を知りもしないで、軍政に干渉する場合である。これでは、軍内部を混乱におとしいれるだけだ。

第三に、指揮系統を無視して、軍令に干渉する場合である。これでは、軍内部に不信感を植えつけるだけだ。

君主が軍内部に混乱や不信感を与えたとなれば、それに乗じて、すかさず他の諸国が攻めこんでくる。君主のよけいな口出しは、まさに自殺行為にほかならない。

■大山元帥と児玉大将　トップと補佐役、総司令官と参謀長、最高責任者と現場責任者の関係であり、どこまで権限を委譲し、どこまで責任をとらせるかという問題である。これがもっともうまくいったケースとして、日露戦争のときの、満州軍総司令官大山巖元帥と総参謀長児玉源太郎大将のコンビをあげることができよう。大山元帥は、茫洋としてトボケの名人であった。当時、陸軍きっての智将といわれた児玉大将はかねてから、茫洋たる人柄の大山に心服し、「ガマどん（大山のあだ名）が司令官になるなら、おれが参謀長になる」と語っていた。大山は総司令官に任命されると、この児玉を総参謀長に起用し、作戦の一切をまかせた。ロシア軍の砲弾が司令部の近くに落ちてものんびりと昼寝などを楽しみ、時々、児玉らが作戦をねっている席に顔を出しては、「今日も戦争でごわすか」な

どとトボケていたという。児玉を信頼してすべてをまかせたのである。

実際問題として、なかなかこうはいかないが、少なくとも、補佐役の力を引き出せるかどうかは、トップの出方いかんにかかっているといえよう。

それ将《しょう》は国《くに》の輔《ほ》なり。輔周《ほしゅう》なれば、則《すなわ》ち国《くに》必《かなら》ず強《つよ》く、輔隙《ほげき》あれば、則《すなわ》ち国《くに》必《かなら》ず弱《よわ》し。故《ゆえ》に君《きみ》の軍《ぐん》に患《うれ》うる所以《ゆえん》のものに、三《さん》あり。軍《ぐん》の以《も》って進《すす》むべからざるを知《し》らずして、これに進《すす》めと謂《い》い、軍《ぐん》の以《も》って退《しりぞ》くべからざるを知《し》らずして、これに退《しりぞ》けと謂《い》う。これを軍《ぐん》を縻《び》すと謂《い》う。三軍《さんぐん》＊の事《こと》を知《し》らずして三軍《さんぐん》の政《せい》を同《おな》じくすれば、則《すなわ》ち軍士《ぐんし》惑《まど》う。三軍《さんぐん》の権《けん》を知《し》らずして三軍《さんぐん》の任《にん》を同《おな》じくすれば、則《すなわ》ち軍士《ぐんし》疑《うたが》う。三軍《さんぐん》すでに惑《まど》い且《か》つ疑《うたが》わば、則《すなわ》ち諸侯《しょこう》の難至《なんいた》る。これを軍《ぐん》を乱《みだ》し勝《しょう》を引《ひ》くと謂《い》う。

夫将者国之輔也。輔周則国必強、輔隙則国必弱。故君之所以患於軍者三。不知軍之不可以進、而謂之進、不知軍之不可以退、而謂之退。是謂縻軍。不知三軍之事、而同三軍之政者、則軍士惑矣。不知三軍之権、而同三軍之任、則軍士疑矣。三軍既惑且疑、則諸侯之難至矣。是謂乱軍引勝。

＊**三軍**　全軍と同じ意味。当時、各国の軍は、左、中、右、もしくは上、中、下の三軍で構成されていた。

【六】彼を知り己を知れば

あらかじめ勝利の目算を立てるには、次の五条件をあてはめてみればよい。

一、彼我の戦力を検討したうえで、戦うべきか否かの判断ができること
二、兵力に応じた戦いができること
三、君主と国民が心を一つに合わせていること
四、万全の態勢を固めて敵の不備につけこむこと
五、将軍が有能であって、君主が将軍の指揮権に干渉しないこと
これが勝利を収めるための五条件である。

したがって、次のような結論を導くことができる。

——敵を知り、己《おのれ》を知るならば、絶対に敗れる気づかいはない。己を知って敵を知らなければ、勝敗の確立は五分五分である。敵をも知らず己をも知らなければ、必ず敗れる。

■「彼を知り己を知れば百戦して殆うからず」——たぶん『孫子』のなかで、もっとも人々に知られていることばである。あえて解説を加える必要もないと思われるが、しいて言えば、このことばは主観的、一面的な判断をいましめたものにほかならない。毛沢東も、かつてその著『矛盾論』のなかでこう述べている。
「問題を研究するには、主観性、一面性および表面性をおびることは禁物である。一面性とは問題を全面的に見ないことを言う。あるいは、局部だけを見て全体を見ない、木だけを見て森を見ないとも言える。孫子は軍事を論じて〝彼を知り己を知れば百戦して殆うからず〟と語っている。ところが、わが同志のなかには、問題を見る場合、とかく一面性をおびる者がいるが、こういう人は、しばしば痛い目にあう」

故《ゆえ》に勝《しょう》を知《し》るに五《ご》あり。以《も》って戦《たたか》うべきと以《も》って戦《たたか》うべからざるとを知《し》る者《もの》は勝《か》つ。衆寡《しゅうか》の用《よう》を識《し》る者《もの》は勝《か》つ。上下欲《じょうげよく》を同《おな》じくする者《もの》は勝《か》つ。虞《ぐ》を以《も》って不虞《ふぐ》を待《ま》つ者《もの》は勝《か》つ。将能《しょうのう》にして君《きみ》御《ぎょ》せざる者《もの》は勝《か》つ。この五者《ごしゃ》は勝《しょう》を知《し》るの道《みち》なり。故《ゆえ》に曰《いわ》く、彼《かれ》を知《し》り己《おのれ》を知《し》れば、百戦《ひゃくせん》して殆《あや》うからず、彼《かれ》を知《し》らずして己《おのれ》を知《し》れば、一勝一負《いっしょういっぷ》す。彼《かれ》を知《し》らず己《おのれ》を知《し》らざれば、戦《たたか》うごとに必《かなら》ず殆《あや》うし。

故知勝有五。知可以戦、与不可以戦者勝。識衆寡之用者勝。上下同欲者勝。以虞待不虞者勝。将能而君不御者勝。此五者知勝之道也。故曰、知彼知己者、百戦不殆。不知彼而知己、一勝一負。不知彼不知己、毎戦必殆。

【第四】軍《ぐん》形《けい》篇

「善《よ》く戦《たたか》う者《もの》は、先《ま》ず勝《か》つべからざるを為《な》して、
以《も》って敵《てき》の勝《か》つべきを待《ま》つ」

「善《よ》く守《まも》る者《もの》は九地《きゅうち》の下《した》に蔵《かく》れ、
善《よ》く攻《せ》むる者《もの》は九天《きゅうてん》の上《うえ》に動《うご》く」

「戦《たたか》い勝《か》ちて天下《てんか》善《よ》しと曰《い》うも、
善《ぜん》の善《ぜん》なるものに非《あら》ざるなり」

「善《よ》く戦《たたか》う者《もの》は、勝《か》ち易《やす》きに勝《か》つ者《もの》なり。
故《ゆえ》に善《よ》く戦《たたか》う者《もの》の勝《か》つや、智名《ちめい》なく、勇功《ゆうこう》なし」

「勝兵《しょうへい》は先《ま》ず勝《か》ちて而《しか》る後《のち》に戦《たたか》いを求《もと》め、
敗兵《はいへい》は先《ま》ず戦《たたか》いて而《しか》る後《のち》に勝《か》ちを求《もと》む」

「勝兵《しょうへい》は鎰《いつ》を以《も》って銖《しゅ》を称《はか》るが若《ごと》く、
敗兵《はいへい》は銖《しゅ》を以《も》って鎰《いつ》を称《はか》るが若《ごと》し」

「勝者《しょうしゃ》の民《たみ》を戦《たたか》わすや、
積水《せきすい》を千仞《せんじん》の谿《たに》に決《けっ》するが若《ごと》きは、形《けい》なり」

戦いにさいしては、こちらがまず不敗の態勢を固めてかかるのが先決である。そのうえで、相手の隙を見つけて食らいついていく。そうすれば無理なく、自然に勝つことができる。むかしから戦《いくさ》巧者はみなそういう勝ち方をめざしてきた。だから、勝ってもその知謀は人目につかず、その勇敢さも、人から称賛されることはない。杜撰《ずさん》な作戦計画を立て、兵士の勇戦敢闘に期待するような戦い方は愚か以外のなにものでもない。

【二】敵のくずれを待つ

むかしの戦上手《いくさじょうず》は、まず自軍の態勢を固めておいてから、じっくりと敵の崩れるのを待った。これで明らかなように、不敗の態勢をつくれるかどうかは自軍の態勢いかんによるが、勝機を見出せるかどうかは敵の態勢いかんにかかっている。したがって、どんな戦上手でも、不敗の態勢を固めることはできるが、必勝の条件まではつくり出すことができない。

「勝利は予見できる。しかし必ず勝てるとはかぎらない」とは、これをいうのである。

■まず万全の守りを固め、その上で、相手の隙を見出して、攻撃に転ずる——これなら、必ず勝つという保証はないが、少なくとも不敗の態勢を築くことができる。日本人は一般に、攻めには強いが守りには弱いという欠点を免れていない。「攻めるまえに先ず守りを固めよ」というこの指摘は、とくに日本人にとって示唆するところが多い。

孫子《そんし》曰《いわ》く、昔《むかし》の善《よ》く戦《たたか》う者《もの》は、先《ま》ず勝《か》つべからざるを為《な》して、以《も》って敵《てき》の勝《か》つべきを待《ま》つ。勝《か》つべからざるは己《おのれ》に在《あ》るも、勝《か》つべきは敵《てき》に在《あ》り。故《ゆえ》に善《よ》く戦《たたか》う者《もの》は、能《よ》く勝《か》つべからざるを為《な》すも、敵《てき》をして必《かなら》ず勝《か》つべからしむること能《あた》わず。故《ゆえ》に曰《いわ》く、勝《しょう》は知《し》るべくして、為《な》すべからず、と。

孫子曰、昔之善戦者、先為不可勝、以待敵之可勝。不可勝在己、可勝在敵。故善戦者、能為不可勝、不能使敵必可勝。故曰、勝可知、而不可為。

【二】攻めと守り

勝利する条件がないときは、守りを固めなければならない。逆に、勝機を見出したときは、すかさず攻勢に転じなければならない。つまり、守りを固めるのは、自軍が劣勢な場合であり、攻勢に出るのは、自軍が優勢な場合である。

したがって、戦上手は、守りについたときは、兵力を隠蔽して敵につけこむ隙を与えないし、攻めにまわったときはすかさず攻めたてて、敵に守りの余裕を与えない。かくて、自軍は無傷のまま完全な勝利を収めるのである。

■「攻めか守りか」は結局、置かれている情況のいかんによる。この選択を誤らないのが名将である。このことは現代の企業経営にも当てはまるであろう。このような変化の時代を生き残っていくためには、攻めと守りの決断を誤らないことが鍵になる。慎重はいいのだが、過ぎると守りに片寄って、じり貧を免れない。だからといって大胆に打って出ると、脇が甘くなる。慎重と大胆、この二つのバランスに留意したい。

勝《か》つべからざるは守《まも》るなり。勝《か》つべきは攻《せ》むるなり。守《まも》るは則《すなわ》ち足《た》らざればなり。攻《せ》むるは則《すなわ》ち余《あま》りあればなり。善《よ》く守《まも》る者《もの》は九地《きゅうち》＊の下《した》に蔵《かく》れ、善《よ》く攻《せ》むる者《もの》は九天《きゅうてん》＊の上《うえ》に動《うご》く。故《ゆえ》に能《よ》く自《みずか》ら保《たも》ちて勝《しょう》を全《まっと》うするなり。

不可勝者、守也。可勝者、攻也。守則不足。攻則有余。善守者、蔵於九地之下、善攻者、動於九天之上。故能自保而全勝也。

【三】勝ち易《やす》きに勝つ

誰にでもそれとわかるような勝ち方は、最善の勝利ではない。また、世間にもてはやされるような勝ち方も、最善の勝利とは言いがたい。

たとえば、毛を一本持ちあげたからといって、誰も力持ちとは言わない。太陽や月が見えるからといって、誰も目がきくとは言わない。雷鳴が聞こえたからといって、誰も耳がさといとは言わない。そういうことは、普通の人なら、無理なく自然にできるからである。

それと同じように、むかしの戦上手は、無理なく自然に勝った。だから、勝っても、その知謀は人目につかず、その勇敢さは、人から称賛されることがない。

■善《よ》く行くものは轍迹《てっせき》なし　唐の太宗に仕えた房玄齢《ぼうげんれい》と杜如晦《とじょかい》の二人の宰相は、「玄齢善く謀《はか》り如晦善く断ず」とあるように、違った持ち味で太宗を補佐し、ともに名宰相と称された。その施政は「玄齢、太宗を佐《たす》くること、およそ三十二年。然《しか》れども跡《あと》の尋ぬべきな

＊**九地、九天**　九は極点の意。したがって九地とは地のきわめて深いところ、九天は天のきわめて高いところ。

し。太宗、禍乱を定めて、房・杜、功を言わず」（『十八史略』）であったという。「跡の尋ぬべきなし」というのだから、これが自分のやった仕事だとわかるような仕事は、なに一つ残さなかったのである。『老子』にも、「善く行くものは轍迹なし」とあるが、『孫子』の考え方も、これとまったく同じである。

勝《しょう》を見《み》ること衆人《しゅうじん》の知《し》る所《ところ》に過《す》ぎざるは、善《ぜん》の善《ぜん》なるものに非《あら》ざるなり。戦《たたか》い勝《か》ちて天下《てんか》善《よ》しと曰《い》うも、善《ぜん》の善《ぜん》なるものに非《あら》ざるなり。故《ゆえ》に秋毫《しゅうごう》*を挙《あ》ぐるも多力《たりき》となさず。日月《にちげつ》を見《み》るも明目《めいもく》となさず。雷霆《らいてい》を聞《き》くも聡耳《そうじ》となさず。古《いにしえ》の所謂《いわゆる》善《よ》く戦《たたか》う者《もの》は、勝《か》ち易《やす》きに勝《か》つ者《もの》なり。故《ゆえ》に善《よ》く戦《たたか》う者《もの》の勝《か》つや、智名《ちめい》なく、勇功《ゆうこう》なし。

見勝不過衆人之所知、非善之善者也。戦勝而天下曰善、非善之善者也。故挙秋毫不為多力。見日月不為明目。聞雷霆不為聡耳。古之所謂善戦者、勝於易勝者也。故善戦者之勝也、無智名、無勇功。

【四】まず勝ちて後に戦う

だから、戦えば必ず勝つ。打つ手打つ手がすべて勝利に結びつき、万に一つの失敗もない。なぜなら、戦うまえから敗けている相手を敵として戦うからだ。つまり、戦上手は、自軍を絶対不

＊**秋毫**　毫は細い毛。秋になると獣の毛は生えかわって細くなる。きわめて軽微なことのたとえ。

敗の態勢におき、しかも敵の隙は逃さずとらえるのである。

このように、あらかじめ勝利する態勢をととのえてから戦う者が勝利を収め、戦いをはじめてからあわてて勝機をつかもうとする者は敗北に追いやられる。

それ故、戦争指導にすぐれた君主は、まず政治を革新し、法令を貫徹して、勝利する態勢をととのえるのである。

■曹操《そうそう》の配慮 三国時代、群雄割拠の争覇戦に勝ち抜いて魏王朝の基をきずいた曹操は、「乱世の奸雄《かんゆう》」と称されただけあって、軍事指導者としても政治家としても、優れたものをもっていた。『三国志』によれば、その用兵ぶりは「その軍を行《や》り師を用うるに、大較《たいこう》は孫呉の法に依る。……故に戦うごとに必ず克《か》ち、軍に幸勝《こうしょう》なし」であったという。「幸勝」とはケガ勝ち、すなわちラッキーな勝利という意味である。曹操の成功は、もちろんこのような軍事的な才能によってもたらされたものであるが、じつはそれだけではない。かれは、軍事行動と同時に、領内に屯田を興して、食糧の増産をはかり、「所在に粟《ぞく》を積み、倉廩《そうりん》みな満つ」（『三国志』）という成果を収めていた。戦乱の当時は、いずこも食糧不足が深刻で、群雄たちはいずれも軍糧の調達に苦しんでいたが、曹操のところだけは十分な軍糧を確保していたのだ。これが曹操の勢力拡大に貢献したもう一つの原因である。軍糧の確保は『孫子』のいうみずからの態勢を固めることにほかならない。曹操の成功は、それを身をもって実践したところにあった。

故《ゆえ》にその戦《たたか》い勝《か》ちて忒《たが》わず。*忒《たが》わざるは、その措《お》く所《ところ》必《かなら》ず勝《か》つ。すでに敗《やぶ》るる者《もの》に勝《か》てばなり。故《ゆえ》に善《よ》く戦《たたか》う者《もの》は不敗《ふはい》の地《ち》に立《た》ち、而《しか》して敵《てき》の敗《はい》を失《うしな》わざるなり。この故《ゆえ》に勝兵《しょうへい》は先《ま》ず勝《か》ちて而《しか》る後《のち》に戦《たたか》いを求《もと》め、敗兵《はいへい》は先《ま》ず戦《たたか》いて而《しか》る後《のち》に勝《か》ちを求《もと》む。善《よ》く兵《へい》を用《もち》うる者《もの》は、道《みち》を修《おさ》め*て法《ほう》を保《たも》つ。*故《ゆえ》に能《よ》く勝敗《しょうはい》の政《せい》を為《な》す。

故其戦勝不忒。不忒者、其所措必勝。勝已敗者也。故善戦者、立於不敗之地、而不失敵之敗也。是故勝兵先勝而後求戦、敗兵先戦而後求勝。善用兵者、修道而保法。故能為勝敗之政。

*忒わず　誤りがない、確かにの意。

*道を修め　政治、軍事などの条件をととのえること。

*法を保つ　軍内の統制を確立すること。

【五】勝兵は鎰《いつ》を以って銖《しゅ》を称《はか》るが若《ごと》し

戦争の勝敗は、次の要素によって決定される。

一、国土の広狭
二、資源の多寡
三、人口の多少
四、戦力の強弱
五、勝敗の帰趨

つまり、地形にもとづいて国土の広狭が決定される。国土の広狭にもとづいて資源の多寡が決定される。資源の多寡が人口の多少を決定し、人口の多少が戦力の強弱を決定する。そして、戦力の強弱が戦争の勝敗を決定するのである。

彼我の戦力の差が、鎰《いつ》（重さの単位）をもって銖《しゅ》（鎰の約五百分の一の重さ）に対するようであれば、必ず勝つ。逆に、銖をもって鎰に対するようであれば、必ず敗れる。

勝利する側は、満々とたたえた水を深い谷底に切って落とすように、一気に敵を圧倒する。態勢をととのえるとは、これをいうのである。

■総合力に一（銖）対五百（鎰）の開きがあれば、誰が指揮しても、無理なく自然に勝つことができる。『孫子』の理想とするのは、こういう安全勝ちであった。それは、事前の確かな計算と総合判断力によって可能となる。

兵法《へいほう》は、一《いち》に曰《いわ》く、度《たく》。二《に》に曰《いわ》く、量《りょう》。三《さん》に曰《いわ》く、数《すう》。四《し》に曰《いわ》く、称《しょう》。五《ご》に曰《いわ》く、勝《しょう》。地《ち》は度《たく》を生《しょう》じ、度《たく》は量《りょう》を生《しょう》じ、量《りょう》は数《すう》を生《しょう》じ、数《すう》は称《しょう》を生《しょう》じ、称《しょう》は勝《しょう》を生《しょう》ず。故《ゆえ》に勝兵《しょうへい》は鎰《いつ》*を以《も》って銖《しゅ》*を称《はか》るが若《ごと》く、敗兵《はいへい》は銖《しゅ》を以《も》って鎰《いつ》を称《はか》るが若《ごと》し。勝者《しょうしゃ》の民《たみ》を戦《たたか》わすや、積水《せきすい》を千仞《せんじん》*の谿《たに》に決《けっ》するが若《ごと》きは、形《けい》なり。


兵法、一曰度。二曰量。三曰数。四曰称。五曰勝。地生度、度生量、量生数、数生称、称生勝。

故勝兵若以鎰称銖、敗兵若以銖称鎰。勝者之戦民也、若決積水於千仞之谿者、形也。

＊鎰、銖　中国古代の重さの単位。鎰は二四両（一説では二〇両）、一両は二四銖。したがって鎰は銖の五〇〇倍ぐらいの重さ。

＊千仞　仞は中国古代の長さの単位。八尺（一説では七尺）。千仞は非常に高いことのたとえ。

【第五】

兵《へい》勢《せい》篇

「三軍《さんぐん》の衆《しゅう》、必《かなら》ず敵《てき》を受《う》けて敗《はい》なからしむるべきは、
奇正《きせい》これなり」

「戦《たたか》いは、正《せい》を以《も》って合《がっ》し、奇《き》を以《も》って勝《か》つ」

「戦勢《せんせい》は奇正《きせい》に過《す》ぎざるも、
奇正《きせい》の変《へん》は勝《あ》げて窮《きわ》むべからず」

「激水《げきすい》の疾《はや》くして石《いし》を漂《ただよ》わすに至《いた》るは、勢《せい》なり」

「これに形《けい》すれば、敵必《てきかなら》ずこれに従《したが》い、これに予《あた》うれば、
敵必《てきかなら》ずこれを取《と》る」

「善《よ》く戦《たたか》う者《もの》は、これを勢《せい》に求《もと》めて、人《ひと》に責《もと》めず」

「善《よ》く人《ひと》を戦《たたか》わしむるの勢《いきお》い、
円石《えんせき》を千仞《せんじん》の山《やま》に転《てん》ずるが如《ごと》きは、勢《せい》なり」

「奇」と「正」の二つの作戦を巧みに組み合わせ、勢いに乗って戦うことが肝要である。勢いに乗って戦うとは、丸い石を千仞《せんじん》の谷底に転がすようなもの。組織の力を二倍にも三倍にも発揮することができる。だから、戦上《いくさ》手なリーダーはなによりもまず組織を勢いに乗せることを重視し、一人ひとりの働きに期待をかけないのである。また、「奇」と「正」の組み合わせは無限にある。その運用に熟達することも勝利を握る鍵となる。

【二】軍の編成、指揮、奇正、虚実

大軍団を小部隊のように統制するには、軍の組織編成をきちんと行なわなければならない。

大軍団を小部隊のように一体となって戦わせるには、指揮系統をしっかりと確立しなければならない。

全軍を敵の出方に対応して絶対不敗の境地に立たせるには、「奇正」の運用、つまり変幻自在な戦い方に熟達しなければならない。

石で卵を砕くように敵を撃破するには、「実」をもって「虚」を撃つ、つまり充実した戦力で敵の手薄を衝《つ》く戦法をとらなければならない。

■ここではまず次の四つのことが説かれている。

一、分数——軍の組織・編成
一、形名——軍の指揮系統
一、奇正
一、虚実

このうち、分数と形名は組織原則に関する問題であり、奇正と虚実は、戦略戦術にかかわる問題である。奇正についてはすぐ続いて説明され、虚実については、「第六　虚実篇」に詳しい説明がある。

■法制・軍令の確立　軍の組織原則について、兵法書の『呉子《ごし》』と『尉繚子《うつりょうし》』も、ともに軍律・軍令の確立を重視する。

「軍令が周知せず、賞罰が公正を欠き、停止の合図をしても止まらず、進撃の合図をしても進まないならば、百万の大軍といえども、なんの役にも立たない」（『呉子』治兵篇）

「軍事の第一要件は、法制を確立することである。法制が確立すれば、軍に統制が生まれる。統制が生まれれば、軍規は厳正に保たれる。こうなれば、金鼓の命令一下、兵卒は一丸となって戦う。百人の小部隊ではもちろんのこと、千人の部隊でも一丸となって敵陣をおとしいれ、一万人の大部隊でも一体となって敵を撃滅し敵将を討ち取るであろう。このような天下無敵の軍隊は、法制の確立をまってはじめて生まれるのである」（『尉繚子』制談篇）

　ここで『孫子』は軍律や軍令ということばこそ使っていないが、言わんとするところは、『呉子』『尉繚子』と同じであろう。ちなみに『孫子』が軍律（法・令）についてふれているのは、すでに見た「始計篇」と、このあとの「第九　行軍篇」においてである。

孫子《そんし》曰《いわ》く、およそ衆《しゅう》を治《おさ》むること寡《か》を治《おさ》むるが如《ごと》くなるは、分数《ぶんすう》*これなり。衆《しゅう》を闘《たたか》わしむること寡《か》を闘《たたか》わしむるが如《ごと》くなるは、形名《けいめい》*これなり。三軍《さんぐん》の衆《しゅう》、必《かなら》ず敵《てき》を受《う》けて敗《はい》なからしむるべきは、奇正《きせい》*これなり。兵《へい》の加《くわ》うる所《ところ》、碫《たん》を以《も》って卵《たまご》に投《とう》ずるが如《ごと》くなるは、虚実《きょじつ》*これなり。

＊**分数**　軍の編成。組み分け。

＊**形名**　形は旌旗、名は金鼓。これらを使って兵士を指揮し、命令を下した。

孫子曰、凡治衆如治寡、分数是也。闘衆如闘寡、形名是也。三軍之衆、可使必受敵而無敗者、奇正是也。兵之所加、如以碫投卵者、虚実是也。

【二】戦いは奇を以って勝つ

敵と対峙するときは、「正」すなわち正規の作戦を採用し、敵を破るときは、「奇」すなわち奇襲作戦を採用する。これが一般的な戦い方である。

それ故、「奇」を得意とする将軍の戦い方は、天地のように終わりがなく、大河のように尽きることがない。また、日月のように没してはまた現われ、四季のように去ってはまた訪れ、まことに変幻自在である。

■「奇」と「正」 「奇正」とは、古代中国においてしばしば使われた軍事用語である。「奇」と「正」は相対立する概念で、「正」は一般的なもの、正常なものを意味し、「奇」は特殊なもの、変化するものを意味している。先年、銀雀山漢墓《ぎんじゃくざんかんぼ》から発掘されて、二千年ぶりによみがえった『孫臏《そんぴん》兵法』にも、「〝形〟をもって〝形〟に対するのは〝正〟、〝無形〟をもって〝形〟を制するのは〝奇〟である。……かたちとなって現われたものを〝正〟とするなら、かたちとなって現われないものは〝奇〟である」（奇正篇）とある。わかりやすく言えば、正攻法を「正」とすれば、奇襲作戦は「奇」、正面攻撃を「正」とすれば、側面攻撃は「奇」、正規軍の戦いを「正」とすれば、遊撃部隊の戦いは「奇」とい

＊**奇正** 古代中国の兵法用語。奇兵と正兵。『孫臏兵法』によれば、奇とは「無形」、正とは「有形」を意味するのだという。

＊**虚実** これも兵法用語。戦力の手薄な状態を虚、充実している状態を実という。

うことになろう。

■日本海海戦の敵前回頭　古来から「奇」で敵を壊滅させた例は少なくないが、日本海海戦における連合艦隊の勝利なども、その一つにかぞえることができる。このとき、連合艦隊司令長官の東郷大将は一列縦隊で進んでくるバルチック艦隊に対し、敵前回頭の丁字戦法で戦いをいどみ、みごと勝利をおさめた。この戦法は、敵の前に次々に横腹を見せて突っ切って行くわけであるから、きわめて危険であり、当時の海戦の常識では、明らかに「奇」すなわち奇策以外のなにものでもなかった。だが、長官には十分な自信があったのだ。「敵は長途の遠征で疲労している。訓練不足であるうえ、日本海は波が荒いので、砲弾の命中率は悪いはず。これに対し、わが方は敵に横腹を見せる危険はあるが、全砲口を敵に集中することができる」。丁字戦法という奇策は、こういう確かな読みに裏付けられてはじめて成功したのである。

およそ戦《たたか》いは、正《せい》を以《も》って合《がっ》し、奇《き》を以《も》って勝《か》つ。故《ゆえ》に善《よ》く奇《き》を出《いだ》す者《もの》は、窮《きわ》まりなきこと天《てん》地《ち》の如《ごと》く、竭《つ》きざること江河《こうが》＊の如《ごと》し。終《おわ》りてまた始《はじ》まるは、日月《にちげつ》これなり。死《し》してまた生《しょう》ずるは、四時《しじ》これなり。

凡戦者、以正合、以奇勝。故善出奇者、無窮如天地、不竭如江河。終而復始、日月是也。死而復生、四時是也。

＊**江河**　長江と黄河をイメージしている。

【三】奇正の変は、勝《あ》げて窮《きわ》むべからず

音階の基本は、宮《きゅう》、商《しょう》、角《かく》、徴《ち》、羽《う》の五つにすぎないが、その組み合わせの変化は無限である。

色彩の基本は、青、赤、黄、白、黒の五つにすぎないが、組み合わせの変化は無限である。

味の基本は、辛《しん》、酸《さん》、鹹《かん》、甘《かん》、苦《く》の五つにすぎないが、その組み合わせの変化は無限である。

それと同じように、戦争の形態も「奇」と「正」の二つから成り立っているが、その変化は無限である。「正」は「奇」を生じ、「奇」はまた「正」に転じ、円環さながらに連なってつきない。

したがって、誰もそれを知りつくすことができないのである。

■奇正の変は、勝げて窮むべからず　音階、色彩、味などを例にあげて説明していることのくだりは、きわめてわかりやすい。それほど奥が深いということであろう。それを窮めつくすのは無理だとしても、窮めようと努力するところに、意味があるのかもしれない。

声《こえ》は五《ご》に過《す》ぎざるも、五声《ごせい》の変《へん》は、勝《あ》げて聴《き》くべからず。色《いろ》は五《ご》に過《す》ぎざるも、五色《ごしき》の変《へん》は、勝《あ》げて観《み》るべからず。味《あじ》は五《ご》に過《す》ぎざるも、五味《ごみ》の変《へん》は、勝《あ》げて嘗《な》むべからず。戦勢《せんせい》は奇正《きせい》に過《す》ぎざるも、奇正《きせい》の変《へん》は勝《あ》げて窮《きわ》むべからず。奇正《きせい》の相生《あいしょう》ずること、循環《じゅんかん》の端《はし》なきが如《ごと》し。孰《たれ》か能《よ》くこれを窮《きわ》めんや。

声不過五、五声之変、不可勝聴也。色不過五、五色之変、不可勝観也。味不過五、五味之変、不可勝嘗也。戦勢、不過奇正、奇正之変、不可勝窮也。奇正相生、如循環之無端。孰能窮之。

【四】激水の石を漂《ただよ》わすに至るは勢なり

せきとめられた水が激しい流れとなって岩をも押し流すのは、流れに勢いがあるからである。猛禽《もうきん》がねらった獲物を一撃のもとにうち砕くのは、一瞬の瞬発力をもっているからである。

それと同じように、激しい勢いに乗じ、一瞬の瞬発力を発揮するのが戦上手の戦い方だ。弓にたとえれば、引きしぼった弓の弾力が「勢い」であり、放たれた瞬間の矢の速力が「瞬発力」である。

■万全の態勢を固め、そのうえさらに勢いに乗る――『孫子』の言いたいのはこれである。太極拳の要諦をまとめた『拳論』にも、「蓄而後発（蓄えて後発す）」ということばがあるが、十分に「蓄」えてから発勁《はっけい》動作に入ればそれだけ破壊力を増すことができよう。それがつまり勢いである。これは、戦争や武術だけではなく、一般の処世にもあてはまろう。孟子も「智慧《ちえ》ありと雖《いえど》も勢いに乗ずるに如《し》かず」（公孫丑篇）と語っている。なにごとでも、へたな智恵をはたらかすよりは、勢いに乗ることを考えたほうがよいというのだ。

激水《げきすい》の疾《はや》くして石《いし》を漂《ただよ》わすに至《いた》るは、勢《せい》なり。鷙鳥《しちょう》の撃《う》ちて毀折《きせつ》に至《いた》るは、節《せつ》なり。この故《ゆえ》に

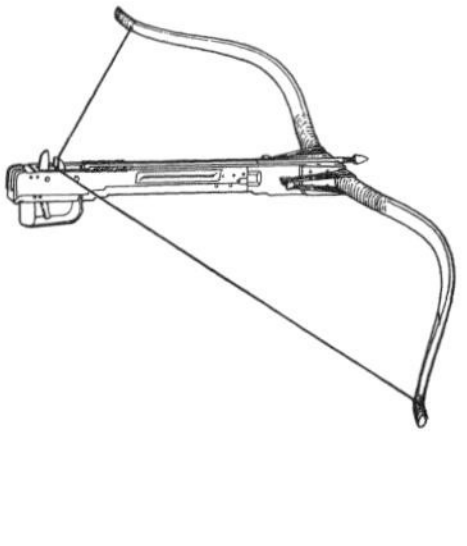

矢をつがえた弩

善《よ》く戦《たたか》う者《もの》は、その勢《せい》は険《けん》にして、その節《せつ》は短《たん》なり。勢《せい》は弩《ど》*を彍《は》るが如《ごと》く、節《せつ》は機《き》*を発《はっ》するが如《ごと》し。

激水之疾、至於漂石者、勢也。鷙鳥之撃、至於毀折者、節也。是故善戦者、其勢険、其節短。勢如彍弩、節如発機。

【五】利を以って動かし、卒を以って待つ

両軍入りまじっての乱戦となっても、自軍の隊伍を乱してはならない。収拾のつかぬ混戦となっても、敵に乗ずる隙を与えてはならない。

乱戦、混戦のなかでは、治はたやすく乱に変わり、勇はたやすく怯に変わり、強はたやすく弱に変わりうる。治乱を左右するのは統制力のいかんであり、勇怯を左右するのは勢いのいかんであり、強弱を左右するのは態勢のいかんである。

それ故、用兵にたけた将軍は、敵が動かざるをえない態勢をつくり、有利なエサをばらまいて、食いつかせる。つまり、利によって敵を誘い出し、精強な主力を繰り出してこれを撃滅するのである。

■魏《ぎ》を囲んで趙《ちょう》を救う　「これに形すれば、敵必ずこれに従う」——敵が動かざるをえない態勢をつくった好例として、「桂陵《けいりょう》の戦い」をあげることができる。

＊**弩**　発射装置のある弓。速射、連射がきいて攻撃力が大きかった。

＊**機**　弩の発射装置。

西暦前三五三年、魏の大軍が趙の都邯鄲《かんたん》を包囲した。趙は斉《せい》に救援を求めた。このとき、斉軍の軍師に任命されたのが『孫臏《そんぴん》兵法』で知られる孫臏である。さて、孫臏はどうしたかというと、直接邯鄲の救援に向かわないで、逆に、魏の都大梁《だいりょう》に進攻する構えをみせたのである。「魏軍の主力は邯鄲の包囲戦に向けられているので、本国は手薄になっている。大梁を衝けば、邯鄲の包囲は自然に解ける」と判断したのだ。はたして魏軍は包囲を解いて、急きょ帰国の途についた。孫臏はこれを桂陵に迎え撃って大勝利を収めたという。これが「魏を囲んで趙を救う」という有名な戦略である。

紛紛紜紜《ふんぷんうんうん》*として闘《たたか》い乱《みだ》れて、乱《みだ》すべからず。渾渾沌沌《こんこんとんとん》*として形円《けいまる》くして、敗《やぶ》るべからず。乱《らん》は治《ち》に生《しょう》じ、怯《きょう》は勇《ゆう》に生《しょう》じ、弱《じゃく》は彊《きょう》に生《しょう》ず。治乱《ちらん》は数《すう》なり。勇怯《ゆうきょう》は勢《せい》なり。彊弱《きょうじゃく》は形《けい》なり。故《ゆえ》に善《よ》く敵《てき》を動《うご》かす者《もの》は、これに形《けい》すれば、敵必《てきかなら》ずこれに従《したが》い、これに予《あた》うれば、敵必《てきかなら》ずこれを取《と》る。利《り》を以《も》ってこれを動《うご》かし、卒《そつ》を以《も》ってこれを待《ま》つ。

紛紛紜紜、闘乱而不可乱也。渾渾沌沌、形円而不可敗也。乱生於治、怯生於勇、弱生於彊。治乱数也。勇怯勢也。彊弱形也。故善動敵者、形之、敵必従之、予之、敵必取之。以利動之、以卒待之。

＊**紛紛紜紜**　ばらばらに入り乱れていること。

＊**渾渾沌沌**　乱れて見分けがつかないこと。

【六】勢に求めて人に責《もと》めず

したがって戦上手は、なによりもまず勢いに乗ることを重視し、一人ひとりの働きに過度の期待をかけない。それゆえ、全軍の力を一つにまとめて勢いに乗ることができるのである。勢いに乗れば、兵士は、坂道を転がる丸太や石のように、思いがけない力を発揮する。丸太や石は、平坦な場所では静止しているが、坂道におけば自然に動き出す。また、四角なものは静止しているが、丸いものは転がる。

勢いに乗って戦うとは、丸い石を千仞の谷底に転がすようなものだ。これが、戦いの勢いというものである。

■**集団の力学**　個人個人の能力よりも、集団としての力を発揮させる（勢に求めて人に責めず）という考え方は企業経営にもあてはまろう。近ごろ、社員の能力開発ということが言われ、社内研修会などもさかんに開かれている。しかし、多くの場合、個人の能力開発に終わって、集団の力を引き出すところまでは至っていない。個人の能力開発は、どちらかというと、個人の責任において行なわれるべきことである。組織や指導者はむしろいかにして集団の力を引き出すかに注意を向けるべきであろう。個人の力はどんなに開発しても一にすぎないが、集団の力としてまとめると、二になり三になり、うまくすると五や十にまで持って行くことができる。

故《ゆえ》に善《よ》く戦《たたか》う者《もの》は、これを勢《せい》に求《もと》めて、人《ひと》に責《もと》めず。故《ゆえ》に能《よ》く人《ひと》を択《す》てて勢《せい》に任《にん》ず。勢《せい》に任《にん》ずる者《もの》は、その人《ひと》を戦《たたか》わしむるや、木石《ぼくせき》を転《てん》ずるが如《ごと》し。木石《ぼくせき》の性《せい》、安《あん》なれば則《すなわ》ち静《せい》に、危《き》なれば則《すなわ》ち動《うご》き、方《ほう》なれば則《すなわ》ち止《とど》まり、円《えん》なれば則《すなわ》ち行《ゆ》く。故《ゆえ》に善《よ》く人《ひと》を戦《たたか》わしむるの勢《いきお》い、円石《えんせき》を千《せん》仞《じん》の山《やま》に転《てん》ずるが如《ごと》きは、勢《せい》なり。

故善戦者、求之於勢、不責於人。故能択人而任勢。任勢者、其戦人也、如転木石。木石之性、安則静、危則動、方則止、円則行。故善戦人之勢、如転円石於千仞之山者、勢也。

【第六】

虚《きょ》実《じつ》篇

「善《よ》く戦《たたか》う者《もの》は、人《ひと》を致《いた》して人《ひと》に致《いた》されず」

「敵佚《てきいつ》すれば能《よ》くこれを労《ろう》し、飽《あ》けば能《よ》くこれを饑《う》えしめ、安《やす》ければ能《よ》くこれを動《うご》かす」

「攻《せ》めて必《かなら》ず取《と》るは、その守《まも》らざる所《ところ》を攻《せ》むればなり」

「進《すす》みて禦《ふせ》ぐべからざるは、その虚《きょ》を衝《つ》けばなり」

「兵《へい》を形《けい》するの極《きょく》は、無形《むけい》に至《いた》る」

「兵《へい》の形《かたち》は水《みず》に象《かたど》る」

「兵《へい》の形《かたち》は実《じつ》を避《さ》けて虚《きょ》を撃《う》つ」

「兵《へい》に常勢《じょうせい》なく、水《みず》に常形《じょうけい》なし」

戦いを有利に進めるためには、主導権を握って相手を振り回さなければならない。そのためにはまず「先着の利」を占め、ついで、敵の軍は分散させ味方は集中して戦う必要がある。また、戦争態勢は水の流れのようであらねばならない。水は高い所を避けて低い所へ流れていく。それと同じように、戦いも充実した敵を避けて相手の手薄をついていくべきだ。水に一定の形がないように、戦いにも不変の態勢などというものはありえない。

【二】人を致して人に致されず

敵より先に戦場におもむいて相手を迎え撃てば、余裕をもって戦うことができる。逆に、敵よりおくれて戦場に到着すれば、苦しい戦いをしいられる。それ故、戦上手は、相手の作戦行動に乗らず、逆に相手をこちらの作戦行動に乗せようとする。

敵に作戦行動を起こさせるためには、そうすれば有利だと思いこませなければならない。逆に、敵に作戦行動を思いとどまらせるためには、そうすれば不利だと思いこませることだ。

したがって、敵の態勢に余裕があれば、手段を用いて奔命に疲れさせる。敵の食糧が十分であれば、糧道を断って飢えさせる。敵の備えが万全であれば、計略を用いてかき乱す。

■主導権の確保　「人を致して人に致されず」とは、相手をこちらのペースに乗せること、つまり主導権を確保することである。さらに言えば、相手を行動不自由な状態に追いこみ、こちらは行動自由な状態を確保することである。

日中戦争の末期、日本軍は広大な中国大陸を占領していたが、八路軍の巧妙な遊撃戦にあって主導権を失い、点と線に釘づけにされた。当時、八路軍を率いて日本軍と戦った毛沢東は、この主導権の問題について、こう語っている。

「あらゆる戦争において、敵味方は主導権の奪いあいに力をつくす。主導権とはすなわち軍隊の自由権である。軍隊が主導権を失って受動的な立場に追い込まれると、その軍隊は行動の自由を失い、打ち破られることになろう。……主導権は、情勢に対する正当な評価と正しい軍事的、政治的処置によって生まれる。客観情勢にあわない悲観的評価と、そこから生ずる消極的な処置は、主導権を失わせ、こちらを受動的な立場においこんでしまう。逆に、客観情勢にあわない楽観的すぎる評価とそこから生ずる不必要に冒険的な処置もまた主導権を失わせ、ついには悲観論者と同じ道におちこませる」(『抗日遊撃戦争の戦略問題』)

孫子《そんし》曰《いわ》く、およそ先《さき》に戦地《せんち》に処《お》りて敵《てき》を待《ま》つ者《もの》は佚《いっ》し、後《おく》れて戦地《せんち》に処《お》りて戦《たたか》いに趨《おもむ》く者《もの》は労《ろう》す。故《ゆえ》に善《よ》く戦《たたか》う者《もの》は、人《ひと》を致《いた》して人《ひと》に致《いた》されず。能《よ》く敵人《てきじん》をして自《みずか》ら至《いた》らしむるは、これを利《り》すればなり。能《よ》く敵人《てきじん》をして至《いた》るを得《え》ざらしむるは、これを害《がい》すればなり。故《ゆえ》に敵佚《てきいっ》すれば能《よ》くこれを労《ろう》し、飽《あ》けば能《よ》くこれを饑《う》えしめ、安《やす》ければ能《よ》くこれを動《うご》かす。

孫子曰、凡先処戦地、而待敵者佚、後処戦地、而趨戦者労。故善戦者、致人而不致於人。能使敵人自至者、利之也。能使敵人不得至者、害之也。故敵佚能労之、飽能饑之、安能動之。

【二】守らざる所を攻める

敵が救援軍を送れないところに進撃し、敵の思いもよらぬ方面に撃って出る。

千里も行軍して疲労しないのは、敵のいないところを進むからである。攻撃して必ず成功するのは、敵の守っていないところを攻めるからである。守備に回って必ず守り抜くのは、敵の攻めてこないところを守っているからである。

したがって、攻撃の巧みな者にかかると、敵はどこを守ってよいかわからなくなる。また、守備の巧みな者にかかると、敵はどこを攻めてよいかわからなくなる。

そうなると、まさに姿も見せず、音もたてず、自由自在に敵を翻弄することができる。こうあってこそはじめて敵の死命を制することができるのだ。

■楚漢《そかん》の戦いの天王山　楚の項羽《こうう》と漢の劉邦《りゅうほう》は紀元前二〇五年から二〇二年まで、広大な北中国を舞台に天下分け目の死闘をくりひろげた。有名な「楚漢の戦い」である。結局、劉邦が勝利を収めて漢王朝を興すわけであるが、この戦い、劉邦は、戦っては敗れ、戦っては敗れで、逃げまわってばかりいた。押されっぱなしの劉邦は、やむなく戦線を後退させ、最後の防衛線をしいて楚軍の進攻をくいとめようとした。さすがの劉邦も、負け戦続きで、弱気になったのである。するとこのとき、酈生《れきせい》という謀臣が進言した。

「われらにとって何よりも必要なのは軍糧であります。ところで敖倉《ごうそう》こそはむかしから天下の食糧の集まるところで、今でもあそこには糧秣が山と積まれています。しかるに項羽は敖倉の守りを軽視し、ろくな守備隊もおいていません。今こそ絶好の機会。すみやかに敖倉を奪取して糧秣を確保すべきです」

敖倉とは、これより二十年前、秦の始皇帝によってつくられた食糧の貯蔵地である。劉邦は、ただちに軍を進めて敖倉に向かい、敵の手薄に乗じて難なく奪取した。これで劉邦の軍はたらふく食らい、十分な休養をとることができた。

劉邦が退勢を挽回して逆転勝利を収めるきっかけになったのが、この敖倉奪取作戦である。作戦というにはあまりにもあっけなく成功したのは、敵の「守らざる所」を攻めたからにほかならない。

その趨《おもむ》かざる所《ところ》に出《い》で、その意《おも》わざる所《ところ》に趨《おもむ》く。行《ゆ》くこと千里《せんり》にして労《ろう》せざるは、無人《むじん》の地《ち》を行《ゆ》けばなり。攻《せ》めて必《かなら》ず取《と》るは、その守《まも》らざる所《ところ》を攻《せ》むればなり。守《まも》りて必《かなら》ず固《かた》きは、その攻《せ》めざる所《ところ》を守《まも》ればなり。故《ゆえ》に善《よ》く攻《せ》むる者《もの》には、敵《てき》、その守《まも》る所《ところ》を知《し》らず。善《よ》く守《まも》る者《もの》には、敵《てき》、その攻《せ》むる所《ところ》を知《し》らず。微《び》＊なるかな微《び》なるかな、無形《むけい》に至《いた》る。神《しん》＊なるかな神《しん》なるかな、無声《むせい》に至《いた》る。故《ゆえ》に能《よ》く敵《てき》の司命《しめい》たり。

出其所不趨、趨其所不意。行千里而不労者、行於無人之地也。攻而必取者、攻其所不守也。守而必固者、守其所不攻也。故善攻者、敵不知其所守。善守者、敵不知其所攻。微乎微乎、至於無形。神乎神乎、至於無声。故能為敵之司命。

＊**微**　かすかで目に見えないこと。微妙。

＊**神**　はかり知れない働き。

【三】手薄を衝《つ》く

進撃するときは、敵の手薄を衝くことだ。そうすれば敵は防ぎきれない。退却するときは、迅速に退くことだ。そうすれば敵は追撃しきれない。

こちらが戦いを欲するときは、敵がどんなに塁を高くし堀を深くして守りを固めていても、戦わざるをえないようにしむければよい。それには、敵が放置しておけないところを攻めることだ。反対に、こちらが戦いを欲しないときは、たとえこちらの守りがどんなに手薄であっても、敵に戦うことができないようにしむければよい。それには、敵の進攻目標を他へそらしてしまうことだ。

■進みて禦《ふせ》ぐべからざるは、その虚を衝けばなり　守りを固めている相手に、正面きって戦いを挑めばどうなるか。どんな名将でも攻めあぐみ、へたをすればバタバタと屍の山を築き、全軍壊滅ということにもなりかねない。どんな強大な相手にも必ず弱点やアキレス腱がある。そこを見つけて食らいついていけば、勝利の確率はぐんと高くなる。

進《すす》みて禦《ふせ》ぐべからざるは、その虚《きょ》を衝《つ》けばなり。退《しりぞ》きて追《お》うべからざるは、速《すみや》かにして及《およ》ぶべからざればなり。故《ゆえ》に我戦《われたたか》わんと欲《ほっ》すれば、敵《てき》、塁《るい》を高《たか》くし溝《こう》を深《ふか》くすと雖《いえど》も、我《われ》と戦《たたか》わざるを得《え》ざるは、その必《かなら》ず救《すく》う所《ところ》を攻《せ》むればなり。我戦《われたたか》いを欲《ほっ》せざれば、地《ち》を画《かく》して*これを守《まも》るも、敵《てき》、我《われ》と戦《たたか》うを得《え》ざるは、その之《ゆ》く所《ところ》に乖《そむ》けばなり。

進而不可禦者、衝其虚也。退而不可追者、速而不可及也。故我欲戦、敵雖高塁深溝、不得不与我

＊**地を画して**　地面を区切っただけで、陣立ての備えがないこと。

戦者、攻其所必救也。我不欲戦、画地而守之、敵不得与我戦者、乖其所之也。

【四】十を以って一を攻める

こちらからは、敵の動きは手にとるようにわかるが、敵はこちらの動きを察知できない。これなら、味方の力は集中し、敵の力を分散させることができる。こちらが、かりに一つに集中し、敵が十に分散したとする。それなら、十の力で一の力を相手にすることになる。つまり、味方は多勢で敵は無勢。多勢で無勢を相手にすれば、戦う相手が少なくてすむ。

どこから攻撃されるかわからないとなれば、敵は兵力を分散して守らなければならない。敵が兵力を分散すれば、それだけこちらと戦う兵力が少なくなる。

したがって敵は、前を守れば後ろが手薄になり、後ろを守れば前が手薄になる。左を守れば右が手薄になり、右を守れば左が手薄になる。四方八方すべてを守れば、四方八方すべてが手薄になる。

これで明らかなように、兵力が少ないというのは、分散して守らざるをえないからである。また、兵力が多いというのは、相手を分散させて守らせるからである。

■集中と分散　兵力の多少は、絶対的なものではなく相対的なものである。その鍵は集中と分散にあるという。こちらが集中し、相手を分散させれば、劣勢を優勢に転化することができる。大東亜戦争のとき、日本軍は太平洋の島々に兵力を分散させ、米軍の各個撃破にあって、次々と玉砕を余儀なくされた。明らかに『孫子』の兵法の逆をいったのである。

これを企業経営にあてはめると、どうなるか。「兵力劣勢」な中小企業が大企業に互して行くには、一点集中主義――つまり有力なアイデア商品の開発につとめよということになるかもしれない。大企業と同じことをやっていたのでは勝負にならないのである。

故《ゆえ》に人《ひと》を形《けい》せしめて我《われ》に形《けい》なければ、則《すなわ》ち我《われ》は専《せん》にして敵《てき》は分《わ》かる。我《われ》は専《せん》にして一《いち》となり、敵《てき》は分《わ》かれて十《じゅう》となれば、これ十《じゅう》を以《も》ってその一《いち》を攻《せ》むるなり。則《すなわ》ち我《われ》は衆《おお》くして敵《てき》は寡《すくな》し。能《よ》く衆《しゅう》を以《も》って寡《か》を撃《う》たば、則《すなわ》ち吾《われ》のともに戦《たたか》う所《ところ》の者《もの》は約《やく》*なり。吾《われ》のともに戦《たたか》う所《ところ》の地《ち》は知《し》るべからず。知《し》るべからざれば、則《すなわ》ち敵《てき》の備《そな》うる所《ところ》の者多《ものおお》し。敵《てき》の備《そな》うる所《ところ》の者多《ものおお》ければ、則《すなわ》ち吾《われ》のともに戦《たたか》う所《ところ》の者《もの》は寡《すくな》し。故《ゆえ》に前《まえ》に備《そな》うれば則《すなわ》ち後寡《うしろすくな》く、後《うしろ》に備《そな》うれば則《すなわ》ち前寡《まえすくな》く、左《ひだり》に備《そな》うれば則《すなわ》ち右寡《みぎすくな》く、右《みぎ》に備《そな》うれば則《すなわ》ち左寡《ひだりすくな》し。備《そな》えざる所《ところ》なければ、則《すなわ》ち寡《すくな》からざる所《ところ》なし。寡《すくな》きは人《ひと》に備《そな》うるものなり。衆《おお》きは人《ひと》をして己《おのれ》に備《そな》えしむるものなり。

故形人而我無形、則我専而敵分。我専為一、敵分為十、是以十攻其一也。則我衆而敵寡。能以衆撃寡者、則吾之所与戦者約矣。吾所与戦之地不可知。不可知、則敵所備者多。敵所備者多、則吾所与戦者寡矣。故備前則後寡、備後則前寡、備左則右寡、備右則左寡。無所不備、則無所不寡。寡者備人者也。衆者使人備己者也。

*約　数が少ないこと。

【五】戦いの地、戦いの日を知らざれば

したがって、戦うべき場所、戦うべき日時を予測できるならば、たとえ千里も先に遠征したとしても、戦いの主導権を握ることができる。逆に、戦うべき場所、戦うべき日時を予測できなければ、左翼の軍は右翼の軍を、右翼の軍は左翼の軍を救援することができず、前衛と後衛でさえも協力しあうことができない。まして、数里も数十里も離れて戦う友軍を救援できないのは、当然である。

わたしが考えるに、敵国越《えつ》の軍がいかに多かろうと、それだけでは勝敗を決定する要因とはなりえない。なぜなら、勝利の条件は人がつくり出すものであり、敵の軍がいかに多かろうと、戦えないようにしてしまうことができるからだ。

■会戦の場所、日時を予測することができれば、万全の準備をもって戦いに臨むことができる。それだけ主導権を握る可能性が高くなる。逆だと、そんな余裕がなくなってしまう。この違いが大きいのである。

故《ゆえ》に戦《たたか》いの地《ち》を知《し》り、戦《たたか》いの日《ひ》を知れば、則《すなわ》ち千里《せんり》にして会戦《かいせん》すべし。戦《たたか》いの地《ち》を知らず、戦《たたか》いの日《ひ》を知《し》らざれば、則《すなわ》ち左《ひだり》、右《みぎ》を救《すく》う能《あた》わず、右《みぎ》、左《ひだり》を救《すく》う能《あた》わず、前《まえ》、後《うしろ》を救《すく》う能《あた》わず、後《うしろ》、前《まえ》を救《すく》う能《あた》わず。而《しか》るを況《いわん》や遠《とお》きは数十里《すうじゅうり》、近《ちか》きは数里《すうり》なるをや。吾《われ》を以《も》ってこれを度《はか》るに、越《えつ》

人《ひと》の兵《へい》*多《おお》しと雖《いえど》も、また奚《なん》ぞ勝敗《しょうはい》に益《えき》せんや。故《ゆえ》に曰《いわ》く、勝《しょう》は為《な》すべきなり。敵衆《てきおお》しと雖《いえど》も、闘《たたか》うことなからしむべし。

故知戦之地、知戦之日、則可千里而会戦。不知戦地、不知戦日、則左不能救右、右不能救左、前不能救後、後不能救前。而況遠者数十里、近者数里乎。以吾度之、越人之兵雖多、亦奚益於勝敗哉。故曰、勝可為也。敵雖衆、可使無闘。

【六】兵を形するの極は無形に至る

勝利する条件は、次の四つの方法でつくり出される。
一、戦局を検討して、彼我の優劣を把握する
二、誘いをかけて、敵の出方を観察する
三、作戦行動を起こさせて、地形上の急所をさぐり出す
四、偵察戦をしかけて、敵の陣形の強弱を判断する

先にも述べたように、戦争態勢の神髄は、敵にこちらの動きを察知させない状態――つまり「無形」にある。こちらの態勢が無形であれば、敵側の間者が陣中深く潜入したところで、何も探り出すことはできないし、敵の軍師がいかに知謀にたけていても、攻め破ることができない。

敵の態勢に応じて勝利を収めるやり方は、一般の人にはとうてい理解できない。かれらは、味

＊**越人の兵**　越国の軍。越は孫武の仕えた呉の宿敵であった。

方のとった戦争態勢が勝利をもたらしたことは理解できても、それがどのように運用されて勝利を収めるに至ったのかまではわからない。

それ故、同じ戦争態勢を繰り返し使おうとするが、これはまちがいである。戦争態勢は敵の態勢に応じて無限に変化するものであることを忘れてはならない。

■柔構造の組織　「形」の窮極は「無形」に至る——つまり態勢は固定不変のものではなく、相手次第でいかようにも変化することのできるのが理想であるという。このくだりは組織論として読んでも面白い。どんな組織でも、いったんできあがってしまうと形骸化し、機動性を失って行く宿命を負っている。それを避けるには、新しい情況に応じていつでも再構築できるような柔構造の組織であることが望ましい。

『孫子』は、その理想のあり方を水に求める。

故《ゆえ》にこれを策《はか》りて得失《とくしつ》の計《けい》を知《し》り、これを作《おこ》して動静《どうせい》の理《り》を知《し》り、これを形《けい》して死生《しせい》の地《ち》*を知《し》り、これに角《ふ》れて有余不足《ゆうよふそく》の処《ところ》を知《し》る。故《ゆえ》に兵《へい》を形《けい》するの極《きょく》は、無形《むけい》に至《いた》る。無形《むけい》なれば、則《すなわ》ち深間《しんかん》*も窺《うかが》うこと能《あた》わず、智者《ちしゃ》も謀《はか》ること能《あた》わず、形《けい》に因《よ》りて勝《しょう》を衆《しゅう》に錯《お》くも、衆《しゅう》、知《し》ること能《あた》わず。人皆《ひとみな》我《わ》が勝《か》つ所以《ゆえん》の形《けい》を知《し》るも、吾《わ》が勝《しょう》を制《せい》する所以《ゆえん》の形《けい》を知《し》ることなし。故《ゆえ》にその戦《たたか》い勝《か》つや復《ふた》びせずして、形《けい》に無窮《むきゅう》に応《おう》ず。

故策之而知得失之計、作之而知動静之理、形之而知死生之地、角之而知有余不足之処。故形兵之

***死生の地**　死地と生地。死地とは不利な地形、生地とは有利な地形。

***深間**　深くはいりこんできた間者。

極、至於無形。無形、則深間不能窺、智者不能謀、因形而錯勝於衆、衆不能知。人皆知我所以勝之形、而莫知吾所以制勝之形。故其戦勝不復、而応形於無窮。

【七】実を避けて虚を撃《う》つ

戦争態勢は水の流れのようであらねばならない。水は高い所を避けて低い所に流れて行くが、戦いも、充実した敵を避けて相手の手薄をついていくべきだ。

水に一定の形がないように、戦いにも、不変の態勢はありえない。敵の態勢に応じて変化しながら勝利をかちとってこそ、絶妙な用兵といえる。

それはちょうど、五行《ごぎょう》が相克《そうこく》しながらめぐり、四季、日月が変化しながらめぐっているのと同じである。

■兵の形は水に象《かたど》る　水は入れ物に応じて自由自在に形をかえる。戦争態勢もそのようであらねばならないのだという。『老子』にも「上善《じょうぜん》は水の如し」とある。中国人は、兵法でも処世でも、水のありようを理想としてきたかのごとくである。兵法書の『尉繚子《うつりょうし》』にも、こうある。

「精強な軍隊は、水にたとえることができる。水は、きわめて柔弱であるが、行く手をさえぎるものは、たとえ丘陵でも、うち崩してしまう。それはほかでもない、水の性質に集中性と不変性が秘められているからである」（武議篇）

それ兵《へい》の形《かたち》は水《みず》に象《かたど》る。水《みず》の形《かたち》は高《たか》きを避《さ》けて下《ひく》きに趨《おもむ》く。兵《へい》の形《かたち》は実《じつ》を避《さ》けて虚《きょ》を撃《う》つ。水《みず》は地《ち》に因《よ》りて流《なが》れを制《せい》し、兵《へい》は敵《てき》に因《よ》りて勝《か》ちを制《せい》す。故《ゆえ》に兵《へい》に常勢《じょうせい》なく、水《みず》に常形《じょうけい》なし。能《よ》く敵《てき》に因《よ》りて変化《へんか》し、而《しか》して勝《しょう》を取《と》る者《もの》、これを神《しん》と謂《い》う。故《ゆえ》に五行《ごぎょう》に常勝《じょうしょう》なく、*四時《しじ》に常位《じょうい》なく、日《ひ》に短長《たんちょう》あり、月《つき》に死生《しせい》あり。

夫兵形象水。水之形、避高而趨下。兵之形、避実而撃虚。水因地而制流、兵因敵而制勝。故兵無常勢、水無常形。能因敵変化而取勝者、謂之神。故五行無常勝、四時無常位、日有短長、月有死生。

＊五行に常勝なく　五行とは木、火、土、金、水の五つの気。木は土に克（勝）ち、土は水に克ち、水は火に克ち、火は金に克ち、金は木に克つといったぐあいに、相克しながらめぐっていると考えられた。だから、一つの気が他のすべての気に勝つことはない。

【第七】軍《ぐん》争《そう》篇

「迂《う》を以《も》って直《ちょく》となし、患《かん》を以《も》って利《り》となす」

「兵は詐《さ》を以《も》って立《た》ち、利《り》を以《も》って動《うご》き、
分合《ぶんごう》を以《も》って変《へん》をなすものなり」

「その疾《はや》きこと風《かぜ》の如《ごと》く、その徐《しず》かなること林《はやし》の如《ごと》く、
侵掠《しんりゃく》すること火《ひ》の如《ごと》く、動《うご》かざること山《やま》の如《ごと》し」

「善《よ》く兵《へい》を用《もち》うる者《もの》は、その鋭気《えいき》を避《さ》けてその惰帰《だき》を撃《う》つ」

「正正《せいせい》の旗《はた》を邀《むか》うることなく、堂堂《どうどう》の陣《じん》を撃《う》つことなし」

「囲師《いし》には必《かなら》ず闕《か》き、窮寇《きゅうこう》には迫《せま》ることなかれ」

戦局を有利に展開するには「迂《う》をもって直《ちょく》となす」ところの「迂直の計」も有効である。作戦行動の根本は、敵の目をあざむき、判断を惑わすことにある。だから、有利な情況のもとに行動し、兵力を分散、集中させ、情況に対応して変化しなければならない。そして、守りについたときはどっしり構えて乗ずる隙を与えず、攻めに転じたときは一気にたたみかける。さらに、「気（士気）」を掌握することも勝利の重要な条件となる。

【二】迂《う》を以って直《ちょく》となす

戦争の段取りは、まず将軍が君主の命を受けて軍を編成し、ついで陣を構えて敵と対峙するわけであるが、そのなかでもっともむずかしいのは、勝利の条件をつくりだすことである。勝利の条件をつくりだすことのむずかしさは、「わざと遠回りをして敵を安心させ、敵よりも早く目的地に達し」、「不利を有利に変える」ところにある。

たとえば、回り道を迂回しながら、利で誘って敵の出足をとめ、敵より後れて出発しながら先に到着する。これが「迂直の計」――すなわち迂回しておいて速やかに目的を達する計謀である。

■迂直の計　「迂」とは回り道、すなわち曲線であり、「直」とは直線である。いま、A地点からB地点に向かうとする。直線コースをとったほうが回り道をするよりも明らかに距離も短く時間もかからない。それは常識であって、誰でもそう考えるはずである。そこで、わざと遠回りして敵を安心させる。あるいは、わざと時間をかけて敵の油断をさそう。そうしておいて電撃的にたたみかけるのが迂直の計である。常識の裏をかき、安心させておいて叩くわけであるから、敵の受ける心理的打撃はいっそう大きくなる。

孫子《そんし》曰《いわ》く、およそ兵《へい》を用《もち》うるの法《ほう》は、将《しょう》、命《めい》を君《きみ》に受《う》け、軍《ぐん》を合《がっ》し衆《しゅう》を聚《あつ》め、和《か》を交《まじ》えて舎《しゃ》す*るに、軍争《ぐんそう》*より難《かた》きはなし。軍争《ぐんそう》の難《かた》きは、迂《う》を以《も》って直《ちょく》となし、患《かん》を以《も》って利《り》となすにあり。

*和を交えて舎す　和は軍門のこと。両軍が対陣するの意。

*軍争　両軍が勝利を争うこと。

故《ゆえ》にその途《みち》を迂《う》にして、これを誘《さそ》うに利《り》を以《も》ってし、人《ひと》に後《おく》れて発《はっ》し、人《ひと》に先《さき》んじて至《いた》る。これ迂直《うちょく》の計《けい》を知《し》る者《もの》なり。

孫子曰、凡用兵之法、将受命於君、合軍聚衆、交和而舎、莫難於軍争。軍争之難者、以迂為直、以患為利。故迂其途、而誘之以利、後人発、先人至。此知迂直之計者也。

【二】百里にして利を争えば

勝利の条件をつくり出すことができれば、戦局の展開に有利となるが、しかし、それには危険も含まれている。たとえば、重装備のまま全軍をあげて戦場に投入しようとすれば、敵の動きに後れをとるし、逆に、軽装備で急行しようとすれば、輜重《しちょう》（輸送）部隊が後方にとりのこされてしまう。

したがって、昼夜兼行の急行軍で戦場におもむけば、その損害たるや甚大である。すなわち百里の遠征であれば、上軍（先発部隊）、中軍、下軍の三将軍がすべて捕虜にされてしまう。なぜなら強い兵士だけが先になり、弱い兵士はとりのこされて、十分の一の兵力がやっと戦場に到着して戦うことになるからである。また、五十里の遠征であれば、兵力の半分しか戦場に到着しないから、上軍の将軍が討ちとられてしまう。同じく三十里の遠征であれば、三分の二の兵力で戦う羽目になる。

これで明らかなように、輜重、糧秣、その他の戦略物資を欠けば、軍の作戦行動は失敗に終わるのである。

■孫武の進言　呉王闔廬《こうりょ》に仕えた孫武はその後、軍師として目ざましい活躍をしたとあるが、詳しいことはわからない。ただ一つ、『史記』に次のような記載がある。

――呉王闔廬は即位して三年目に、みずから軍を率いて楚《そ》に攻め入り、要衝の地舒《じょ》をおとしいれた。してやったりと、余勢をかって、いっきに楚の都郢《えい》まで進撃しようとした。

このとき、軍師の孫武が進言した。

「人民の疲弊がはなはだしく、まだその時期ではありません。なにとぞこれ以上の進攻はお見合わせください」

闔廬はこの進言に従い、ひとまず軍を引いて本国に帰還したとある。

急進撃にはそれだけの準備が必要である。準備不足とみるや、いったん軍を引いて時を待つ――これまた「迂直の計」と言ってよい。ちなみに、闔廬が孫武の進言によって再度楚に侵攻し、郢をおとしいれたのは、それから六年後のことであった。

故《ゆえ》に軍争《ぐんそう》は利《り》たり、軍争《ぐんそう》は危《き》たり。軍《ぐん》を挙《あ》げて利《り》を争《あらそ》えば則《すなわ》ち及《およ》ばず、軍《ぐん》を委《す》てて利《り》を争《あらそ》えば則《すなわ》ち輜重《しちょう》捐《す》てらる。この故《ゆえ》に甲《こう》を巻《ま》いて趨《はし》り*、日夜《にちや》処《お》らず、道《みち》を倍《ばい》して兼行《けんこう》し*、百里《ひゃくり》にして利《り》を争《あらそ》えば、則《すなわ》ち三将軍《さんしょうぐん》を擒《とりこ》にせらる。勁《つよ》き者《もの》は先《さき》だち、疲《つか》るる者《もの》は後《おく》れ、その法《ほう》、十《じゅう》にして一至《いちいた》る。五十里《ごじゅうり》にして利《り》を争《あらそ》えば、則《すなわ》ち上将軍《じょうしょうぐん》を蹶《たお》す。その法《ほう》、半《なか》ば至《いた》る。三十里《さんじゅうり》にして利《り》を争《あらそ》えば、

＊甲を巻いて趨り　重いよろいをぬいで、丸めて背中にかつぎ、行軍の速度をあげる。

＊道を倍して兼行し　通常の行程の二倍の距離を進むこと。

則《すなわ》ち三分《さんぶん》の二至《にいた》る。この故《ゆえ》に、軍《ぐん》、輜重《しちょう》なければ則《すなわ》ち亡《ほろ》び、糧食《りょうしょく》なければ則《すなわ》ち亡《ほろ》び、委積《いし》なければ則《すなわ》ち亡《ほろ》ぶ。

故軍争為利、軍争為危。挙軍而争利、則不及、委軍而争利、則輜重捐。是故巻甲而趨、日夜不処、倍道兼行、百里而争利、則擒三将軍。勁者先、疲者後、其法十一而至。五十里而争利、則蹶上将軍。其法半至。三十里而争利、則三分之二至。是故軍無輜重則亡、無糧食則亡、無委積則亡。

【三】兵は詐《さ》を以って立つ

諸外国の動向を察知していなければ、外交交渉を成功させることはできない。敵国の山川、森林、沼沢などの地形を知らなければ、軍を進撃させることはできない。また、道案内を用いなければ、地の利を得ることはできない。

作戦行動の根本は、敵をあざむくことである。有利な情況のもとに行動し、兵力を分散、集中させ、情況に対応して変化しなければならない。

■兵は詐を以って立つ　「詐」とは、だますことである。一般の人間関係においては非難されるべきことであるが、生死、存亡をかけた戦争の場においては許されるという考え方である。

さきに「兵は詭道なり」（始計篇）と喝破した『孫子』は、ここでまた「兵は詐を以って立つ」と強調する。迂直の計もまた「詐」にほかならない。

故《ゆえ》に諸侯《しょこう》の謀《ぼう》を知《し》らざる者《もの》は、予《あらかじ》め交《まじ》わること能《あた》わず。山林《さんりん》、険阻《けんそ》、沮沢《しょたく》の形《けい》を知《し》らざる者《もの》は、軍《ぐん》を行《や》ること能《あた》わず。郷導《きょうどう》*を用《もち》いざる者《もの》は、地《ち》の利《り》を得《う》ること能《あた》わず。故《ゆえ》に兵《へい》は詐《さ》を以《も》って立《た》ち*、利《り》を以《も》って動《うご》き、分合《ぶんごう》を以《も》って変《へん》をなすものなり。

故不知諸侯之謀者、不能予交。不知山林、険阻、沮沢之形者、不能行軍。不用郷導者、不能得地利。故兵以詐立、以利動、以分合為変者也。

＊**郷導**　道案内。

＊**兵は詐を以って立ち**　「兵は詭道なり」と同じ意味。

【四】疾《はや》きこと風の如し

したがって作戦行動にさいしては、疾風のように行動するかと思えば、林のように静まりかえる。燃えさかる火のように襲撃するかと思えば、山のごとく微動だにしない。暗闇に身をひそめたかと思えば、万雷のようにとどろきわたる。兵士を分遣しては村落を襲い、守備隊をおいて占領地の拡大をはかり、的確な情況判断にもとづいて行動する。

要するに、敵に先んじて「迂直の計」を用いれば、必ず勝つ。これが勝利する条件である。

■**風林火山**　甲斐の武田信玄が「疾きこと風の如く、徐かなること林の如く……」から「風林火山」の四文字をとって旗印としたことは広く知られている。武田軍団は信玄の命

——令一下、このことばどおりに動いた。武田流軍学の特徴は、正と奇、静と動の組み合わせにあったと言われている。

故《ゆえ》にその疾《はや》きこと風《かぜ》の如《ごと》く、その徐《しず》かなること林《はやし》の如《ごと》く、侵掠《しんりゃく》すること火《ひ》の如《ごと》く、動《うご》かざること山《やま》の如《ごと》く、知《し》り難《がた》きこと陰《いん》の如《ごと》く、動《うご》くこと雷霆《らいてい》の如《ごと》し。郷《きょう》を掠《かす》むるには衆《しゅう》を分《わ》かち、地《ち》を廓《ひろ》むるには利《り》を分《わ》かち、権《けん》を懸《か》けて動《うご》く*。迂直《うちょく》の計《けい》を先知《せんち》する者《もの》は勝《か》つ。これ軍争《ぐんそう》の法《ほう》なり。

故其疾如風、其徐如林、侵掠如火、不動如山、難知如陰、動如雷霆。掠郷分衆、廓地分利、懸権而動。先知迂直之計者勝。此軍争之法也。

*権を懸けて　権は秤の意。彼我の情況を秤にかけて。

【五】衆を用うるの法

古代の兵書に、

「口で号令をかけるだけでは聞きとれないので、ドラや太鼓を使用する。手で指図するだけでは見分けることができないので、旌旗《せいき》を使用する」

とある。

ドラや太鼓、旌旗は、兵士の耳目を一つにするためのものである。これで兵士を統率すれば、勇猛な者でも独断で抜け駆けすることができず、臆病な者でも勝手に逃げ出すことができない。

これが大軍を動かす秘訣である。

とくに、夜戦ではかがり火と太鼓をふやし、昼戦では旌旗を多用して、部隊間の連絡を密にしなければならない。

■員数ばかり多くても、構成員の一人ひとりが自分勝手な動きをしていたのでは、組織としての力を発揮することができない。命令一下、整然と行動してこそ、組織としての機能が発揮される。これは、今も昔も変わりない。

軍政《ぐんせい》*に曰《いわ》く、言《い》えども相聞《あいき》こえず、故《ゆえ》に金鼓《きんこ》*を為《つく》る。視《しめ》せども相見《あいみ》えず、故《ゆえ》に旌旗《せいき》を為《つく》る、と。それ金鼓《きんこ》、旌旗《せいき》は人《ひと》の耳目《じもく》を一《いち》にする所以《ゆえん》なり。人《ひと》すでに専一《せんいつ》なれば、則《すなわ》ち勇者《ゆうじゃ》も独《ひと》り進《すす》むことを得《え》ず、怯者《きょうじゃ》も独《ひと》り退《しりぞ》くことを得《え》ず。これ衆《しゅう》を用《もち》うるの法《ほう》なり。故《ゆえ》に夜戦《やせん》に火鼓《かこ》多《おお》く、昼戦《ちゅうせん》に旌《せい》旗《き》多《おお》きは、人《ひと》の耳目《じもく》を変《か》うる所以《ゆえん》なり。

軍政曰、言不相聞、故為金鼓。視不相見、故為旌旗。夫金鼓旌旗者、所以一人之耳目也。人既専一、則勇者不得独進、怯者不得独退。此用衆之法也。故夜戦多火鼓、昼戦多旌旗、所以変人之耳目也。

＊**軍政**　古代の兵書。
＊**金鼓**　ドラや太鼓。

【六】気、心、力、変

かくて、敵軍の士気を阻喪させ、敵将の心を攪乱《かくらん》することができるのである。

そもそも、人の気力は、朝は旺盛であるが、昼になるとだれ、夕方には休息を求めるものだ。軍の士気もそれと同じである。それ故、戦上手は、敵の士気が旺盛なうちは戦いを避け、士気の衰えたところを撃つ。「気」を掌握するとは、これをいうのである。

また、味方の態勢をととのえて敵の乱れを待ち、じっと鳴りをひそめて敵の仕掛けを待つ。「心」を掌握するとは、これをいうのである。

さらに、有利な場所に布陣して遠来の敵を待ち、十分な休養をとって敵の疲れを待ち、腹いっぱい食って敵の飢えを待つ。「力」を掌握するとは、これをいうのである。

もう一つ、隊伍をととのえて進撃してくる敵、強大な陣を構えている敵とは、正面衝突を避ける。「変」を掌握するとは、これをいうのである。

■ここで述べられているのは、次の四つのことである。

気――士気
心――心理
力――戦力
変――変化

これを読みとって、「勝ち易きに勝つ」（軍形篇）のが、すぐれた指揮官と言える。

■長勺《ちょうしゃく》の戦い　「気（士気）」を掌握して勝利を収めた例として、春秋時代、斉《せい》と魯《ろ》のあいだで戦われた「長勺の戦い」をあげることができる。

西暦前六八四年、斉の大軍が魯の領内に攻めこんできた。魯の荘《そう》公はみずから軍を率い長勺の地でこれを迎え撃った。荘公は布陣をおえると、すぐさま戦鼓を打ち鳴らして出撃しようとした。すると、軍師の曹劌《そうけい》という者が、「まだ、まだ」と制止する。こうして魯軍がじっと鳴りをひそめていると、相手の斉軍は三たび戦鼓を鳴らしおわり、ようやく攻撃に移ろうとする構えである。「さあ、今です」――曹劌の声に、魯軍は、初めて戦鼓をとどろかせて、どっと撃って出た。結果は、魯軍の大勝利である。

荘公は味方の勝利を信じかね、あとで曹劌に理由をたずねた。曹劌はこう答えたという。「それ戦いは勇気なり。一たび鼓《こ》して気を作《おこ》し、再びして衰《おとろ》え、三たびして竭《つ》く。かれ竭《つ》き、われ盈《み》つ。故にこれに勝つ」

相手の気（士気）の尽きるのを待って撃って出たから勝ったというのである。

故《ゆえ》に三軍《さんぐん》は気《き》を奪《うば》うべく、将軍《しょうぐん》は心《こころ》を奪《うば》うべし。この故《ゆえ》に朝《あさ》の気《き》は鋭《えい》、昼《ひる》の気《き》は惰《だ》、暮《くれ》の気《き》は帰《き》。故《ゆえ》に善《よ》く兵《へい》を用《もち》うる者《もの》は、その鋭気《えいき》を避《さ》けてその惰帰《だきう》を撃《う》つ。これ気《き》を治《おさ》むるものなり。治《ち》を以《も》って乱《らん》を待《ま》ち、静《せい》を以《も》って譁《か》を待《ま》つ。これ心《こころ》を治《おさ》むるものなり。近《ちか》きを以《も》って遠《とお》きを待《ま》ち、佚《いつ》を以《も》って労《ろう》を待《ま》ち、飽《ほう》を以《も》って飢《き》を待《ま》つ。これ力《ちから》を治《おさ》むるものなり。正正《せいせい》の旗《はた》を邀《むか》うることな

く、堂堂《どうどう》の陣《じん》を撃《う》つことなし。これ変《へん》を治《おさ》むるものなり。

故三軍可奪気、将軍可奪心。是故朝気鋭、昼気惰、暮気帰。故善用兵者、避其鋭気、撃其惰帰。此治気者也。以治待乱、以静待譁。此治心者也。以近待遠、以佚待労、以飽待飢。此治力者也。無邀正正之旗、勿撃堂堂之陣。此治変者也。

【七】窮寇《きゅうこう》には迫ることなかれ

したがって、戦闘にさいしては次の原則を守らなければならない。

一、高地に布陣した敵を攻撃してはならない
二、丘を背にした敵を攻撃してはならない
三、わざと逃げる敵を追撃してはならない
四、戦意旺盛な敵を攻撃してはならない
五、おとりの敵兵にとびついてはならない
六、帰国途上の敵のまえにたちふさがってはならない
七、敵を包囲したら必ず逃げ道を開けておかなければならない
八、窮地に追いこんだ敵に攻撃をしかけてはならない

これが戦闘の原則である。

■人間関係の機微　『孫子』は以上の結論として「戦闘べからず集」八項目をあげているが、この中で、人間関係を考える上でも参考にしたいのが、七と八の次の二項目である。

一、囲師《いし》には必ず闕《か》く
一、窮寇には迫ることなかれ

なぜこれが不可なのか。逃げ道を断たれた敵は、「窮鼠《きゅうそ》、猫を嚙む」勢いで反撃してくる恐れがあるからだ。そうなると、こちらもかなりの損害を覚悟しなければならない。人間関係についても、同じことが言える。

近ごろ、子どもの自殺がしきりに報じられる。その原因について、ある心理学者が、「学校も親も子どもを立つ瀬のない状態に追いこむからではないか」と語っているのを聞いて、なるほどと思った。子どもは、社会的には弱者である。弱者は追いつめられると死を選ぶ。では、おとなの場合はどうか。相手を立つ瀬のない状態に追いつめれば、いつか手ひどい反撃があることを覚悟しなければならない。同僚との関係、部下との関係、すべて然りである。中国の俚諺にも、「追いつめたら、人は造反し、犬は垣根をとびこえる（人急造反、狗急跳墻）」とある。

『孫子』のここにあげた二項目は、人間関係の「べからず集」としても、銘記されなければならない。

故《ゆえ》に兵《へい》を用《もち》うるの法《ほう》は、高陵《こうりょう》には向《む》かうことなかれ、丘《おか》を背《せ》にするには逆《むか》うことなかれ、佯《いつわ》り

北《に》ぐるには従《したが》うことなかれ、鋭卒《えいそつ》には攻《せ》むることなかれ、餌兵《じへい》には食《く》らうことなかれ、帰師《きし》には遏《とど》むることなかれ、囲師《いし》には必《かなら》ず闕《か》き、窮寇《きゅうこう》には迫《せま》ることなかれ。これ兵《へい》を用《もち》うるの法《ほう》なり。

故用兵之法、高陵勿向、背丘勿逆、佯北勿従、鋭卒勿攻、餌兵勿食、帰師勿遏、囲師必闕、窮寇勿迫。此用兵之法也。

【第八】九《きゅう》変《へん》篇

「君命《くんめい》に受《う》けざる所《ところ》あり」

「九変《きゅうへん》の利《り》に通《つう》ずれば、兵《へい》を用《もち》うるを知《し》る」

「智者《ちしゃ》の慮《りょ》は必《かなら》ず利害《りがい》に雑《まじ》う。利《り》に雑《まじ》えて務《つと》め信《の》ぶべきなり。害《がい》に雑《まじ》えて患《うれ》い解《と》くべきなり」

「その来《き》たらざるを恃《たの》むなく、吾《われ》の以《も》って待《ま》つあるを恃《たの》むなり」

「必死《ひっし》は殺《ころ》さるべきなり、必生《ひっしょう》は虜《とりこ》にさるべきなり」

「廉潔《れんけつ》は辱《はずかし》むらるべきなり、愛民《あいみん》は煩《わずらわ》さるべきなり」

一面的な硬直した思考にしがみついていたのでは必ず敗れる。勝利をかちとるには、つねに柔軟な曲線思考を働かせる必要がある。また、物事には必ずプラスとマイナスの両面がある。その両面に配慮するバランス思考もまた、勝利には欠かせない。さらに、情勢はつねに変化している。軍を率いながら臨機応変の対応を知らなければ、どんなにすばらしい原則をつめこんでいても、それだけでは戦いに勝てない。

【二】君命に受けざる所あり

将師は君主の命を受けて軍を編成し、戦場に向かうのであるが、戦場にあっては、次のことに注意しなければならない。

一、「圮地《ひち》」すなわち行軍の困難なところには、軍を駐屯させてはならない。
二、「衢地《くち》」すなわち諸外国の勢力が浸透しあっているところでは、外交交渉に重きをおく。
三、「絶地《ぜっち》」すなわち敵領内深く進攻したところには、長くとどまってはならない。
四、「囲地《いち》」すなわち敵の重囲におちて進むも退くもままならぬときは、たくみな計略を用いて脱出をはかる。
五、「死地《しち》」すなわち絶体絶命の危機におちいったときは、勇戦あるのみ。

以上の五原則は、別の角度から見れば、次のようにもまとめることができる。

一、道には、通ってはならない道もある。
二、敵には、攻撃してはならない敵もある。
三、城には、攻めてはならない城もある。
四、土地には、奪ってはならない土地もある。
五、君命には、従ってはならない君命もある。

■曲線的思考法　『孫子』の兵法がきわめて政治性に富み、柔軟で、しかも曲線的な考え

方の上に立っていることは、このくだりからも明らかであろう。これは、『孫子』の兵法だけではなく、中国人の考え方がそうなのである。たとえば、以上の考え方を処世にあてはめれば、「利益」には、むさぼってはならない利益もあると言いかえることができる。日本人は、目の前に利益がぶらさがっていると、直線的にとびつこうとするのに対し、中国人は、待てよと曲線的思考をはたらかせ、それの直線的な追求に禁欲的である。こういう考え方が『孫子』の兵法にも反映しているのだ。

■半兵衛の機転　織田信長が秀吉に中国征伐を命じたときのことである。荒木村重が信長に反旗をひるがえし、黒田官兵衛が説得におもむいて行った。ところが荒木方は官兵衛をひっとらえて牢にぶちこんだうえ「官兵衛が味方についた」とデマをとばした。まに受けた信長は、官兵衛が人質としてさし出していた一子松寿（のちの黒田長政）を竹中半兵衛に命じて殺させようとした。半兵衛がなんと諫《いさ》めても、信長は聞きいれようとしない。やむなく半兵衛は「承知しました」と言って引き退ったが、松寿を殺さずに、ひそかにかくまっておいた。一年後、荒木の反乱が平定され、半死半生の官兵衛が救出されたとき、信長は「官兵衛に会わせる顔がない」と言って嘆いたが、あとで半兵衛から松寿の無事をきかされ、大いに喜んだという。

「君命に受けざる所あり」の好例といえよう。

孫《そん》子《し》曰《いわ》く、およそ兵《へい》を用《もち》うるの法《ほう》は、将《しょう》、命《めい》を君《きみ》に受《う》け、軍《ぐん》を合《がっ》し衆《しゅう》を聚《あつ》め、圮地《ひち》には舎《やど》るこ

となく、衢地《くち》には交《まじ》わり合《がっ》し、絶地《ぜっち》には留《とど》まることなく、囲地《いち》には則《すなわ》ち謀《はか》り、死地《しち》には則《すなわ》ち戦《たたか》う。塗《みち》に由《よ》らざる所《ところ》あり。軍《ぐん》に撃《う》たざる所《ところ》あり。城《しろ》に攻《せ》めざる所《ところ》あり。地《ち》に争《あらそ》わざる所《ところ》あり。君命《くんめい》に受《う》けざる所《ところ》あり。

孫子曰、凡用兵之法、将受命於君、合軍聚衆、圮地無舎、衢地交合、絶地無留、囲地則謀、死地則戦。塗有所不由。軍有所不撃。城有所不攻。地有所不争。君命有所不受。

【二】九変の術を知らざる者は

したがって、臨機応変の効果に精通している将師だけが、軍を率いる資格がある。これに精通していなければ、たとい戦場の地形を掌握していたとしても、地の利を活かすことができない。また、軍を率いながら臨機応変の戦略を知らなければ、かりに先の五原則をわきまえていたとしても、兵卒に存分の働きをさせることができない。

■原文の「九変」とは、臨機応変の運用という意味である。ここで『孫子』が言わんとしているのも、原則と応用の関係であろう。つまり、原則は心得ていなければならないが、それだけでは十分ではない、原則の適用にさいしては、その時々の情況に応じて臨機応変の運用をすべしというのである。

故《ゆえ》に将《しょう》、九変《きゅうへん》*の利《り》に通《つう》ずれば、兵《へい》を用《もち》うるを知《し》る。将《しょう》、九変《きゅうへん》の利《り》に通《つう》ぜざれば、地形《ちけい》を知《し》ると雖《いえど》も、地《ち》の利《り》を得《う》ること能《あた》わず。兵《へい》を治《おさ》めて九変《きゅうへん》の術《じゅつ》を知《し》らざれば、五利《ごり》*を知《し》ると雖《いえど》も、人《ひと》の用《よう》を得《う》ること能《あた》わず。

故将通於九変之利者、知用兵矣。将不通於九変之利者、雖知地形、不能得地之利矣。治兵不知九変之術、雖知五利、不能得人之用矣。

＊**九変**　臨機応変の運用。

＊**五利**　「塗に由らざる所あり」以下の五原則。

【三】智者の慮《りょ》は必ず利害に雑《まじ》う

智者は、必ず利益と損失の両面から物事を考える。すなわち、利益を考えるときには、損失の面も考慮にいれる。そうすれば、物事は順調に進展する。逆に、損失をこうむったときには、それによって受ける利益の面も考慮にいれる。そうすれば、無用な心配をしないですむ。

それ故、敵国を屈服させるには損失を強要し、国力を消耗させるにはわざと事を起こして疲れさせ、味方にだきこむには利益で誘うのである。

■トータル・シンク　物事を考えたり処理したりするとき、ある一面からだけでなく、多方面からアプローチしようとするのも、中国人の特徴の一つである。たとえば、諸葛孔明はその著『便宜十六策』（『諸葛孔明の兵法』守屋洋著・徳間書店所収）のなかでこう語っている。

「問題を解決するためには一面的な態度で臨んではならない。つまり、利益を得ようとするなら、損害のほうも計算に入れておかなければならない。成功を夢みるなら、失敗したときのことも考慮に入れておく必要がある」

また、毛沢東も『実践論』のなかでこう語っている。

「問題を主観的、一面的、表面的に見る人に限って、どこへ行っても周囲の情況をかえりみず、ことがらの全体を見ようとせず、ことがらの本質にはふれようともしないで、ひとりよがりに命令を下す。こういう人間がつまずかないはずがない」

この故《ゆえ》に、智者《ちしゃ》の慮《りょ》は必《かなら》ず利害《りがい》に雑《まじ》う。* 利《り》に雑《まじ》えて務《つと》め信《の》ぶべきなり。害《がい》に雑《まじ》えて患《うれ》い解《と》くべきなり。この故《ゆえ》に、諸侯《しょこう》を屈《くっ》するものは害《がい》を以《も》ってし、諸侯《しょこう》を役《えき》するものは業《ぎょう》を以《も》ってし、諸侯《しょこう》を趨《はし》らすものは利《り》を以《も》ってす。

是故智者之慮必雑於利害。雑於利而務可信也。雑於害而患可解也。是故、屈諸侯者以害、役諸侯者以業、趨諸侯者以利。

【四】吾の以って待つあることを恃《たの》む

したがって、戦争においては、敵の来襲がないことに期待をかけるのではなく、敵に来襲を断

***利害に雑う** 利と害をつき合わせる。

念させるような、わが備えを頼《たの》みとするのである。敵の攻撃がないことに期待をかけるのではなく、敵に攻撃の隙を与えないような、わが守りを頼みとするのである。

■客観情況を無視して希望的観測に走る人間をドンキホーテ型という。これでは早晩、現実からきびしいしっぺ返しを受けることになろう。『孫子』は、希望的観測を拒否する。このくだりを企業経営にあてはめれば、経済情勢の変化に期待をかけるのではなく、どんな経済情勢の下においてもやって行けるような「全天候型」を目ざせ、ということになろう。また、個人の処世にあてはめると、ガードを固めて失点を少なくせよということになるかもしれない。

故《ゆえ》に兵《へい》を用《もち》うるの法《ほう》、その来《き》たらざるを恃《たの》むなく、吾《われ》の以《も》って待《ま》つあるを恃《たの》むなり。その攻《せ》めざるを恃《たの》むなく、吾《われ》の攻《せ》むべからざる所《ところ》あるを恃《たの》むなり。

故用兵之法、無恃其不来、恃吾有以待也。無恃其不攻、恃吾有所不可攻也。

【五】必死は殺され、必生は虜《とりこ》に

将師には、おちいりやすい五つの危険がある。

その一は、いたずらに必死になることである。これでは、討ち死にを遂げるのがおちだ。

その二は、なんとか助かろうとあがくことである。これでは、捕虜になるのがおちだ。

その三は、短気で怒りっぽいことである。これでは、みすみす敵の術中にはまってしまう。

その四は、清廉潔白である。これでは、敵の挑発に乗ってしまう。

その五は、民衆への思いやりを持ちすぎることである。これでは、神経がまいってしまう。

以上の五項目は、将師のおちいりやすい危険であり、戦争遂行のさまたげとなるものだ。軍を壊滅させ、将師を死に追いやるのは、必ずこの五つの危険である。十分に考慮しなければならない。

■バランス感覚

ある一つのことにとらわれると、余裕を失ってしまう。将師に望まれるのは、総合判断力であり、バランス感覚である。たとえば「必死」とは事にあたって一所懸命つとめるという意味で、欠点どころか美徳のように思われる。しかし、それだけを思いつめるとかえってマイナス面が拡大されてくる。将師に必要なのは、自分が「必死」になることよりも、むしろ部下を「必死」にさせることである。そこを配慮するのが、将師のつとめなのだ。「廉潔」にしても、「愛民」にしても、もともとは美徳であって、将師の必要条件と言ってもよい。しかし、それにこだわると、かえってそれが弱点に転化する。

　このくだりは逆説のようであって逆説ではない。人間心理に対する深い洞察から生まれた記述である。


故《ゆえ》に将《しょう》に五危《ごき》あり。必死《ひっし》は殺《ころ》さるべきなり、必生《ひっしょう》は虜《とりこ》にさるべきなり、忿速《ふんそく》は侮《あなど》らるべきなり、廉潔《れんけつ》は辱《はずかし》むらるべきなり、愛民《あいみん》は煩《わずらわ》さるべきなり。およその五者《ごしゃ》は将《しょう》の過《あやま》ちなり、兵《へい》を用《もち》うるの災《わざわ》いなり。軍《ぐん》を覆《くつがえ》し将《しょう》を殺《ころ》すは必《かなら》ず五危《ごき》を以《も》ってす。察《さっ》せざるべからず。

故将有五危。必死可殺也、必生可虜也、忿速可侮也、廉潔可辱也、愛民可煩也。凡此五者、将之過也、用兵之災也。覆軍殺将、必以五危。不可不察也。

【第九】行軍篇《こうぐんへん》

「およそ軍《ぐん》は高《たか》きを好《この》みて下《ひく》きを悪《にく》み、陽《よう》を貴《たっと》びて陰《いん》を賤《いや》しむ」

「敵近《てきちか》くして静《しず》かなるは、その険《けん》を恃《たの》めばなり。遠《とお》くして戦《たたか》いを挑《いど》むは、人《ひと》の進《すす》むを欲《ほっ》するなり」

「辞卑《ことばひく》くして備《そな》えを益《ま》すは、進《すす》むなり。辞彊《ことばつよ》くして進駆《しんく》するは、退《しりぞ》くなり」

「しばしば賞《しょう》するは、窘《くる》しむなり。しばしば罰《ばっ》するは、困《くる》しむなり」

「先《さき》に暴《ぼう》にして後《のち》にその衆《しゅう》を畏《おそ》るるは、不精《ふせい》の至《いた》りなり」

「慮《おもんぱか》りなくして敵《てき》を易《あなど》る者《もの》は、必《かなら》ず人《ひと》に擒《とりこ》にせらる」

「これに令《れい》するに文《ぶん》を以《も》ってし、これを斉《ととの》うるに武《ぶ》を以《も》ってす」

軍を進めるにあたっては、地形を把握し、地形に応じた戦い方をすることが勝利をかちとる条件となる。また、敵情の探索にはつねに意を用いなければならない。どんな些細な現象にも必ず由《よ》って来たる原因がある。だから、細心の注意を払って現象を分析し、敵情を掌握する必要がある。やたら猛進することを避け、戦力を集中しながら敵情の掌握につとめてこそ、はじめて勝利を収めることができるのである。

【二】地形に応じた四つの戦法

次に、地形に応じた戦法と敵情の観察法について述べよう。

まず、地形に応じた戦法であるが、

(一)、山岳地帯で戦う場合――

山地を行軍するときは谷沿いに進み、視界の開けた高所に布陣する。敵が高所に布陣している場合は、こちらから攻め寄せてはならない。

(二)、河川地帯で戦う場合――

河を渡るときは、渡りおえたら、すみやかに河岸から遠ざかる。敵が河を渡って攻め寄せてきたときは、水中で迎え撃ってはならない。半数が渡りおえたところで攻撃をかけるのが、効果的である。ただし、あまり河岸に接近してはならない。また、岸に布陣するときは、視界の開けた高所を選ぶ。河下《かわしも》に布陣して河上の敵と戦ってはならない。

(三)、湿地帯で戦う場合――

湿地帯を移動するときは、すみやかに通過すべきである。やむなく湿地帯で戦うときは、水と茂みを占拠し、木々を背にして戦わなければならない。

(四)、平地で戦う場合――

背後に高地をひかえ、前面に低地がひろがる平坦な地に布陣する。

以上が、地形に応じた有利な戦法である。むかし、黄帝が天下を統一できたのは、この戦法を採用したからにほかならない。

■『孫子』の兵法は、言うまでもなく二千五百年も前の戦争の現実から帰納されたものである。したがって、作戦行動に関する具体的な記述は、「ボタン戦争」などといわれて現代の戦いから見ると、有効性を失ってしまった部分もないではない。地形に応じた戦法などもその一つであろう。しかし、ここで述べられている四つの場合は、いずれも無理がなく、なるほどと納得させられる。それだけ、考え方が合理的なのである。『孫子』から学ぶべきは、むしろこういう合理的考え方にこそあるのかもしれない。

孫子《そんし》曰《いわ》く、およそ軍《ぐん》を処《お》き敵《てき》を相《み》るに、山《やま》を絶《こ》ゆれば谷《たに》に依《よ》り、生《せい》を視《み》て高《たか》きに処《お》り、隆《たか》きに戦《たたか》いて登《のぼ》ることなかれ。これ山《やま》に処《お》るの軍《ぐん》なり。水《みず》*を絶《わた》れば必《かなら》ず水《みず》に遠《とお》ざかり、客《かく》*、水《みず》を絶《わた》りて来《き》たらば、これを水《みず》の内《うち》に迎《むか》うるなく、半《なか》ば済《わた》らしめてこれを撃《う》つは利《り》なり。戦《たたか》わんと欲《ほっ》する者《もの》は、水《みず》に附《つ》きて客《かく》を迎《むか》うることなかれ。生《せい》を視《み》て高《たか》きに処《お》り、水流《すいりゅう》を迎《むか》うることなかれ。これ水《すい》上《じょう》に処《お》るの軍《ぐん》なり。斥沢《せきたく》*を絶《こ》ゆれば、ただ亟《すみや》かに去《さ》りて留《とど》まることなかれ。もし軍《ぐん》を斥沢《せきたく》の中《なか》に交《まじ》うれば、必《かなら》ず水草《すいそう》に依《よ》りて衆樹《しゅうじゅ》を背《せ》にせよ。これ斥沢《せきたく》に処《お》るの軍《ぐん》なり。平陸《へいりく》には易《やす》きに処《お》りて高《たか》きを右背《ゆうはい》にし、死《し》を前《まえ》にして生《せい》を後《うしろ》にせよ。これ平陸《へいりく》に処《お》るの軍《ぐん》なり。およそこの四軍《しぐん》の利《り》*は、黄帝《こうてい》の四帝《してい》に勝《か》ちし所以《ゆえん》なり。

＊水　河の流れ。

＊客　相手、つまり敵のこと。

＊斥沢　沼沢地。湿地帯。

＊四軍の利　山、水、斥沢、平陸において有利に戦いを進めること。

孫子曰、凡処軍相敵、絶山依谷、視生処高、戦隆無登。此処山之軍也。絶水必遠水、客絶水而来、勿迎之於水内、令半済而撃之利。欲戦者、無附於水而迎客。視生処高、無迎水流。此処水上之軍也。絶斥沢、惟亟去無留。若交軍於斥沢之中、必依水草、而背衆樹。此処斥沢之軍也。平陸処易、而右背高、前死後生。此処平陸之軍也。凡此四軍之利、黄帝之所以勝四帝也。

【二】軍は高きを好みて下《ひく》きを悪《にく》む

軍を布陣させるには、低地を避けて高地を選ばなければならない。また、湿った日陰より日当たりのよい場所を選ばなければならない。そうすれば、兵士の健康管理に有利であり、疾病の発生を防ぐことができる。これが必勝の条件である。

丘陵や堤防に布陣する場合は、必ずその東南の地を選ばなければならない。そうすれば、地の利を得て、作戦を有利に展開することができる。渡河するときに、もし上流に雨が降って水嵩《みずかさ》が増していたら、水勢がおちつくまで待たなければならない。

■兵士が病気に倒れると、それだけ戦力が落ちてしまう。とくに流行性の病気ともなると、たちまち隊内に伝染して、戦闘不能の状態になる恐れがある。かつて世界の戦史にそんな例がないでもなかった。だから、どこに布陣するか、場所の選定にさいしては、こういう配慮も望まれるということだ。

およそ軍《ぐん》は高《たか》きを好《この》みて下《ひく》きを悪《にく》み、陽《よう》を貴《たっと》びて陰《いん》を賤《いや》しむ。生《せい》を養《やしな》いて実《じつ》に処《お》り、軍《ぐん》に百疾《ひゃくしつ》なし。これを必勝《ひっしょう》と謂《い》う。丘陵《きゅうりょう》堤防《ていぼう》には必《かなら》ずその陽《よう》に処《お》りてこれを右背《ゆうはい》にす。これ兵《へい》の利《り》、地《ち》の助《たす》けなり。上《うえ》に雨《あめ》ふりて水沫《すいまつ》至《いた》らば、渉《わた》らんと欲《ほっ》する者《もの》は、その定《さだ》まるを待《ま》て。

凡軍好高而悪下、貴陽而賤陰。養生而処実、軍無百疾。是謂必勝。丘陵堤防、必処其陽而右背之。此兵之利、地之助也。上雨水沫至、欲渉者、待其定也。

【三】近づいてはならぬ地形

次の地形からは速やかに立ち去り、けっして近づいてはならぬ。

「絶澗《ぜっかん》」――絶壁のきり立つ谷間
「天井《てんせい》」――深く落ちこんだ窪地
「天牢《てんろう》」――三方が険阻で、脱出困難な所
「天羅《てんら》」――草木が密生し、行動困難な所
「天陥《てんかん》」――湿潤の低地で、通行困難な所
「天隙《てんげき》」――山間部のでこぼこした所

このような所を発見したら、こちらからは近づかず、敵のほうから近づくようにしむける。つまり、ここに向かって敵を追いこむのである。

行軍中に、険阻な地形、池や窪地、あしやよしの原、森林、草むらなどを見たら、必ず入念に探索しなければならない。なぜなら、そのような所には、敵の伏兵がひそんでいるからである。

■以上で、さまざまな地理的環境とそれに適応した戦い方を述べているわけだが、ここで『孫子』の考え方に二つの特徴を見出すことができる。

一、自軍を行動自由な状態において、機動性を発揮する

二、兵士に心理的な安定感を与え、快感原則によって士気の高揚をはかる

およそ地《ち》に絶澗《ぜっかん》、天井《てんせい》、天牢《てんろう》、天羅《てんら》、天陥《てんかん》、天隙《てんげき》あらば、必《かなら》ず亟《すみや》かにこれを去《さ》りて近《ちか》づくことなかれ。吾《われ》はこれに遠《とお》ざかり、敵《てき》はこれに近《ちか》づかしめよ。吾《われ》はこれを迎《むか》え、敵《てき》にはこれを背《うしろ》にせしめよ。軍行《ぐんこう》に険阻《けんそ》、潢井《こうせい》、葭葦《かい》、山林《さんりん》、蘙薈《えいわい》*あらば、必《かなら》ず謹《つつし》んでこれを覆索《ふくさく》せよ。これ伏姦《ふくかん》の処《お》る所《ところ》なり。

凡地有絶澗、天井、天牢、天羅、天陥、天隙、必亟去之、勿近也。吾遠之、敵近之。吾迎之、敵背之。軍行有険阻、潢井、葭葦、山林、蘙薈者、必謹覆索之。此伏姦之所処也。

【四】近くして静かなるはその険を恃《たの》む

敵が味方の側近く接近しながら静まりかえっているのは、険阻な地形を頼みにしているのであ

＊**蘙薈** 草木の茂った所。

る。

敵が遠方に布陣しながらしきりに挑発してくるのは、こちらを誘い出そうとしているのである。

敵が険阻な地形を捨てて平坦な地に布陣しているのは、そこになんらかの利点を見出しているのである。

木々が揺れ動いているのは、敵が進攻してきたしるしである。

草むらに仕掛けがあるのは、こちらの動きを牽制しようとしているのである。

鳥が飛び立つのは、伏兵がいる証拠である。

獣が驚いて走り出るのは、奇襲部隊が来襲してくるのである。

土埃《つちぼこり》が高くまっすぐに舞い上がるのは、戦車が進攻してくるのである。

土埃が低く一面に舞い上がるのは、歩兵部隊が進攻してくるのである。

土埃がそちこちで細いすじのように舞い上がるのは、敵兵が薪《たきぎ》をとっているのである。

土埃がかすかに移動しながら舞い上がるのは、敵が宿営の準備をしているのである。

■ここから四項目にわたって、敵情探索の心得の条が列記されるが、その方法論もきわめて合理的であり、科学的でさえある。自然界であろうと人間界であろうと、どんな現象にも、よってきたる原因がある。

『孫子』は、どんな些細な現象でも見逃さず、その原因を分析することによって、敵情を察知しようとする。今日、われわれが『孫子』から学ぶべき点の一つは、こういう緻密な観察方法であろう。

■雁と伏兵　「鳥起《た》つは伏なり」で思い出されるのが、八幡太郎義家の話である。前九年の役に出征し、陸奥《むつ》の国の安倍頼時、貞任《さだとう》父子を討って都へ凱旋した義家が、あるとき、友人たちとそのときの手柄話を語り合っていた。すると、それを隣りの部屋で聞いていた大江匡房《まさふさ》が、「立派な武将だが、惜しいことに兵法を知らぬ」と評したという。あとでそのことばを知った義家は、さっそく大江に弟子入りして兵法を学んだ。多分、テキストは『孫子』以下の中国の兵法書であったにちがいない。

さて、後三年の役で、再度出征して金沢の柵《き》を攻めたときのことである。数里手前のところから、雁の群が列を乱して飛ぶのが望見された。義家は、「あれは伏兵のいる証拠じゃ」と、兵をやって探索させたところ、はたしてそのとおりであった。義家は報告を受けると、

「もし自分が兵法を学んでいなかったら、危ないところであった」と語ったという。

敵近《てきちか》くして静《しず》かなるは、その険《けん》を恃《たの》めばなり。遠《とお》くして戦《たたか》いを挑《いど》むは、人《ひと》の進《すす》むを欲《ほっ》するなり。その居《お》る所《ところ》の易《い》なるは、利《り》なればなり。衆樹《しゅうじゅ》の動《うご》くは、来《き》たるなり。衆草《しゅうそう》の障《しょう》多《おお》きは、疑《ぎ》なり。鳥起《とりた》つは、伏《ふく》なり。獣駭《じゅうおどろ》くは、覆《ふく》なり。塵高《ちりたか》くして鋭《するど》きは、車《くるま》の来《き》たるなり。卑《ひく》くして広《ひろ》きは、徒《と》の来《た》たるなり。散《さん》じて条達《じょうたつ》するは、樵採《しょうさい》*するなり。少《すく》なくして往来《おうらい》するは、軍《ぐん》を営《いとな》むなり。

敵近而静者、恃其険也。遠而挑戦者、欲人之進也。其所居易者、利也。衆樹動者、来也。衆草多

＊樵採　薪取り。

障者、疑也。鳥起者、伏也。獣駭者、覆也。塵高而鋭者、車来也。卑而広者、徒来也。散而条達者、樵採也。少而往来者、営軍也。

【五】辞《ことば》卑《ひく》くして備えを益《ま》すは進むなり

敵の軍使がへりくだった口上を述べながら、一方で、着々と守りを固めているのは、じつは進攻の準備にかかっているのである。

逆に軍使の口上が強気一点張りで、いまにも進攻の構えを見せるのは、じつは退却の準備にかかっているのである。

戦車が前面に出てきて両翼を固めているのは、陣地の構築にかかっているのである。

対陣中、突如として講和を申し入れてくるのは、なんらかの計略があってのことである。

敵陣の動きがあわただしく、しきりに戦車を連ねているのは、決戦を期しているのである。

敵が進んでは退き、退いては進むのは、こちらを誘い出そうとしているのである。

■辞彊《つよ》くして進駆するは、退くなり　これは武器をとった戦いだけではなく、外交交渉の場でもしばしば見られる現象である。近隣諸国のなかには、居丈高な態度で、一方的なことを声高に主張してくる相手がいる。その気勢に押されて、私どもはすぐあやまったりするが、そんなことをしたのでは、いっそう相手をつけあがらせるだけであろう。高姿勢の裏にどんな意図が隠されているのか冷静に読みとって、毅然と対処する必要がある。

辞卑《ことばひく》くして備《そな》えを益《ま》すは、進《すす》むなり。辞彊《ことばつよ》くして進駆《しんく》するは、退《しりぞ》くなり。軽車《けいしゃ》先ず出《い》でてその側《そば》に居《お》るは、陣《じん》するなり。約《やく》なくして和《わ》を請《こ》うは、謀《はか》るなり。奔走《ほんそう》して兵車《へいしゃ》を陳《つら》ぬるは、期《き》するなり。半進半退《はんしんはんたい》するは、誘《さそ》うなり。

辞卑而益備者、進也。辞彊而進駆者、退也。軽車先出居其側者、陣也。無約而請和者、謀也。奔走而陳兵車者、期也。半進半退者、誘也。

【六】利を見て進まざるは労《つか》るるなり

敵兵が杖にすがって歩いているのは、食糧不足におちいっているのである。
水汲みに出て、本人がまっさきに水を飲むのは、水不足におちいっているのである。
有利なことがわかっているのに進攻しようとしないのは、疲労しているのである。
敵陣の上に鳥が群がっているのは、すでに軍をひきはらっているのである。
夜、大声で呼びかわすのは、恐怖にかられているのである。
軍に統制を欠いているのは、将軍が無能で威令が行なわれていないからである。
旗指物が揺れ動いているのは、将兵に動揺が起こっているのである。
軍幹部がむやみに部下をどなりちらすのは、戦いに疲れているのである。

馬を殺して食らうのは、兵糧が底をついているのである。

将兵が炊事道具をとりかたずけて兵営の外にたむろしているのは、追いつめられて最後の決戦を挑《いど》もうとしているのである。

将軍がぼそぼそと小声で部下に語りかけるのは、部下の信頼を失っているのである。

■一つ一つまことに芸が細かい。それほど敵情の探索はゆるがせにできないということである。事業を成功させるためには、時代の流れを読む必要があるが、それはすでにさまざまな兆候となって現われているにちがいない。それを注意深く読みとる観察眼を身につけたいところである。

杖《つえ》つきて立《た》つは、飢《う》うるなり。汲《く》みて先《ま》ず飲《の》むは、渇《かっ》するなり。利《り》を見《み》て進《すす》まざるは、労《つか》るるなり。鳥《とり》の集《あつ》まるは、虚《むな》しきなり。夜呼《よるよ》ぶは、恐《おそ》るるなり。軍擾《ぐんみだ》るるは、将重《しょうおも》からざるなり。旌《せい》旗動《きうご》くは、乱《みだ》るるなり。吏怒《りいか》るは、倦《う》みたるなり。馬《うま》を殺《ころ》して肉食《にくしょく》するは、軍《ぐん》に糧《りょう》なきなり。缻《ふ》＊を懸《か》けてその舎《しゃ》に返《かえ》らざるは、窮寇《きゅうこう》なり。諄諄翕翕《じゅんじゅんきゅうきゅう》として徐《おもむろ》に人《ひと》と言《い》うは、衆《しゅう》を失《うしな》うなり。

杖而立者、飢也。汲而先飲者、渇也。見利而不進者、労也。鳥集者、虚也。夜呼者、恐也。軍擾者、将不重也。旌旗動者、乱也。吏怒者、倦也。殺馬肉食者、軍無糧也。懸缻、不返其舎者、窮寇也。諄諄翕翕、徐与人言者、失衆也。

＊**缻**　焼き物でつくった炊事道具。

【七】しばしば賞するは窘《くる》しむなり

将軍がやたらに賞状や賞金を乱発するのは、行き詰まっている証拠である。逆に、しきりに罰を科すのも、行き詰まっているしるしである。

また、部下をどなりちらしておいて、あとで離反を気づかうのは、みずからの不明をさらけ出しているのである。

敵がわざわざ軍使を派遣して挨拶してくるのは、休養を欲して時間かせぎをしているのである。敵軍がたけりたって攻め寄せてきながら、いざ迎え撃つと戦おうとせず、さればといって引きあげもしないのは、なにか計略あってのことである。そんなときは、慎重に敵の意図を探らなければならない。

■勲章や感謝状は稀少価値があってこそ有難味があり、乱発されては効果も薄くなる。旧日本軍は末期になるほどこれを乱発した。近ごろの勲章のばらまきぶりも、これに近い。また「部下をどなりちらしておいて、あとで離反を気づかう」というくだりなども、耳が痛い。

しばしば賞《しょう》するは、窘《くる》しむなり。しばしば罰《ばっ》するは、困《くる》しむなり。先《さき》に暴《ぼう》にして後《のち》にその衆《しゅう》を畏《おそ》るるは、不精《ふせい》の至《いた》りなり。来《き》たりて委謝《いしゃ》するは、休息《きゅうそく》を欲《ほっ》するなり。兵怒《へいいか》りて相迎《あいむか》え、久《ひさ》しく

して合《がっ》せず、また相去《あいさ》らざるは、必《かなら》ず謹《つつし》みてこれを察《さっ》せよ。

数賞者、窘也。数罰者、困也。先暴而後畏其衆者、不精之至也。来委謝者、欲休息也。兵怒而相迎、久而不合、又不相去、必謹察之。

【八】兵は多きを益《えき》とするに非ず

兵士の数が多ければ、それでよいというものではない。やたら猛進することを避け、戦力を集中しながら敵情の把握につとめてこそはじめて勝利を収めることができるのである。逆に深謀遠慮を欠き、敵を軽視するならば、敵にしてやられるのがおちだ。

兵士が十分なついていないのに、罰則ばかり適用したのでは、心服しない。心服しない者は使いにくい。逆に、すっかりなついているからといって、過失があっても罰しないなら、これまた使いこなせない。

したがって、兵士に対しては、温情をもって教育するとともに、軍律をもって統制をはからなければならない。ふだんから軍律の徹底をはかっていれば、兵士はよろこんで命令に従う。逆に、ふだんから軍律の徹底を欠いていれば、兵士は命令に従おうとしない。

つまり、ふだんから軍律の徹底につとめてこそ、兵士の信頼をかちとることができるのである。

――■部下をどのように掌握するか――この問題もきわめて今日的である。『孫子』がここで述べている内容をまとめてみると、次のようになるであろう。

一、数が問題ではなく、一致結束をはかることが肝要である。

二、罰の適用は慎重にしなければならないが、さればと言って、必要なときにためらってもならない。

三、温情（文）と軍律（武）の両面が必要である。

四、軍律はふだんから徹底させておかなければならない。

兵《へい》は多《おお》きを益《えき》とするに非《あら》ざるなり。ただ武進《ぶしん》＊することなく、以《も》って力《ちから》を併《あ》わせて敵《てき》を料《はか》るに足《た》らば、人《ひと》を取《と》らんのみ。それただ慮《おもんぱか》りなくして敵《てき》を易《あなど》る者《もの》は、必《かなら》ず人《ひと》に擒《とりこ》にせらる。卒《そつ》、いまだ親附《しんぷ》せざるに而《しか》もこれを罰《ばっ》すれば、則《すなわ》ち服《ふく》せず。服《ふく》せざれば則《すなわ》ち用《もち》い難《がた》きなり。卒《そつ》すでに親附《しんぷ》せるに而《しか》も罰行《ばつおこ》なわれざれば、則《すなわ》ち用《もち》うべからざるなり。故《ゆえ》にこれに令《れい》するに文《ぶん》を以《も》ってし、これを斉《ととの》うるに武《ぶ》を以《も》ってす。これを必取《ひっしゅ》＊と謂《い》う。令《れい》、素《もと》より行《おこ》なわれて、以《も》ってその民《たみ》を教《おし》うれば、則《すなわ》ち民服《たみふく》す。令《れい》、素《もと》より行《おこ》なわれずして、以《も》ってその民《たみ》を教《おし》うれば、則《すなわ》ち民服《たみふく》せず。令《れい》、素《もと》より行《おこ》なわるる者《もの》は、衆《しゅう》と相得《あいう》るなり。

兵非益多也。惟無武進、足以併力料敵、取人而已。夫惟無慮而易敵者、必擒於人。卒未親附而罰之、則不服。不服則難用也。卒已親附而罰不行、則不可用也。故令之以文、斉之以武。是謂必取。令素行以教其民、則民服。令不素行以教其民、則民不服。令素行者、与衆相得也。

＊**武進**　力にまかせて突き進むこと。

＊**必取**　必勝と同じ意。

【第十】

地《ち》形《けい》篇

「敵《てき》を料《はか》りて勝《か》ちを制《せい》し、険阨遠近《けんあいえんきん》を計《はか》るは、
上将《じょうしょう》の道《みち》なり」

「戦道必《せんどうかなら》ず勝《か》たば、主《しゅ》は戦《たたか》うなかれと曰《い》うとも、
必《かなら》ず戦《たたか》いて可《か》なり」

「進《すす》んで名《な》を求《もと》めず、退《しりぞ》いて罪《つみ》を避《さ》けず」

「卒《そつ》を視《み》ること嬰児《えいじ》の如《ごと》し、故《ゆえ》にこれと深谿《しんけい》に赴《おもむ》くべし」

「吾《わ》が卒《そつ》の以《も》って撃《う》つべきを知《し》るも、
敵《てき》の撃《う》つべからざるを知《し》らざるは、勝《しょう》の半《なか》ばなり」

「兵《へい》を知《し》る者《もの》は、動《うご》いて迷《まよ》わず、挙《あ》げて窮《きゅう》せず」

「天《てん》を知《し》り地《ち》を知《し》れば、勝《しょう》、すなわち窮《きわ》まらず」

地形には、通ってはならない所もあれば、戦ってはならない所もある。そういう地形の険《けん》阻《そ》遠近をよく見分け、敵の動きを見抜いたうえで作戦計画を立てなければならない。また、組織を統率するには思いやりの心をもって兵士に接する必要がある。そうでないと、心服はされない。ただし、可愛がるだけで厳しさに欠けていたのでは、組織のなかに甘えが出てくる。思いやりと厳しさのバランスこそ統率の原点と言ってよい。

【一】六種類の地形

地形を大別すると、「通《つう》」「挂《かい》」「支《し》」「隘《あい》」「険《けん》」「遠《えん》」の六種類がある。

「通」とは、味方からも、敵からもともに進攻することのできる四方に通じている地形をいう。ここでは、先に南向きの高地を占拠し、補給線を確保すれば、有利に戦うことができる。

「挂」とは、進攻するのは容易であるが、撤退するのが困難な地形をいう。ここでは、敵が守りを固めていないときに出撃すれば勝利を収めることができるが、守りを固めていれば、出撃しても勝利は望めず、しかも撤退困難なので、苦戦を免れない。

「支」とは、味方にとっても敵にとっても、進攻すれば不利になる地形をいう。ここでは、敵の誘いに乗って出撃してはならない。いったん退却し、敵を誘い出してから反撃すれば、有利に戦うことができる。

「隘」すなわち入口のくびれた地形では、こちらが占拠したなら、入口を固めて敵を迎え撃てばよい。もし敵が占拠して入口を固めていたら、相手にしてはならない。敵に先をこされても、入口を固めていなかったら、攻撃をかけることだ。

「険」すなわち険阻な地形では、こちらが占拠したら、必ず南向きの高地に布陣して、敵を待つことだ。敵に先をこされたら、進攻を中止して撤退したほうがよい。

「遠」すなわち本国から遠く離れた所では、彼我の勢力が均衡している場合、戦いをしかけてはならない。ここでは、戦っても不利な戦いを余儀なくされる。

以上の六項目は、地形に応じた戦い方の原則であり、その選択は将たるものの重要な任務である。慎重に熟慮しなければならない。

■情況としての地形

『孫子』は、さまざまな角度から地形を分析し、それぞれに適応した戦い方を詳説している。それだけ、当時の戦いでは、地形を掌握し、それを活用することが重要な意味をもっていたのである。しかし、今日、われわれが『孫子』を読む場合、地形そのものはあまり意味をもたない。むしろ、地形を「抽象的な場」――つまり〝情況〟として読んだほうが、得るところが大きいかもしれない。

孫子《そんし》曰《いわ》く、地形《ちけい》には、通《つう》なるものあり、挂《かい》なるものあり、支《し》なるものあり、隘《あい》なるものあり、険《けん》なるものあり、遠《えん》なるものあり。我《われ》以《も》って往《ゆ》くべく、彼《かれ》以《も》って来《き》たるべきを通《つう》と曰《い》う。通《つう》なる形《けい》には、先《ま》ず高陽《こうよう》に居《お》り、糧道《りょうどう》を利《り》して以《も》って戦《たたか》わば、則《すなわ》ち利《り》あり。以《も》って往《ゆ》くべく、以《も》って返《かえ》り難《がた》きを挂《かい》と曰《い》う。挂《かい》なる形《けい》には、敵《てき》に備《そな》えなければ出《い》でてこれに勝《か》ち、敵《てき》若《も》し備《そな》えあれば出《い》でて勝《か》たず、以《も》って返《かえ》り難《がた》くして、不利《ふり》なり。我《われ》出《い》でて不利《ふり》、彼《かれ》も出《い》でて不利《ふり》なるを支《し》と曰《い》う。支《し》なる形《けい》には、敵《てき》、我《われ》を利《り》すと雖《いえど》も、我《われ》出《い》づることなかれ。引《ひ》きてこれを去《さ》り、敵《てき》をして半《なか》ば出《い》でしめてこれを撃《う》つは利《り》なり。隘《あい》なる形《けい》には、我《われ》先《ま》ずこれに居《お》らば、必《かなら》ずこれを盈《み》たして以《も》って敵《てき》を待《ま》つ。若《も》し敵《てき》先《ま》ずこれに居《お》り、盈《み》つれば而《すなわ》ち従《したが》うことなかれ。盈《み》たざれば而《すなわ》ちこれに従《したが》え。険《けん》なる形《けい》には、我《われ》先《ま》ずこれに居《お》らば、必《かなら》ず高陽《こうよう》に居《お》りて以《も》って敵《てき》を待《ま》つ。若《も》し敵《てき》先《ま》ずこれに居《お》らば、引《ひ》きてこれを去《さ》りて従《したが》うことなかれ。遠《えん》なる形《けい》には、勢《いきお》い均《ひと》しければ以《も》って戦《たたか》いを挑《いど》み難《がた》く、戦《たたか》わば而《すなわ》ち不《ふ》利《り》なり。およそこの六者《ろくしゃ》は地《ち》の道《みち》なり。将《しょう》の至任《しにん》にして、察《さっ》せざるべからず。

孫子曰、地形、有通者、有挂者、有支者、有隘者、有険者、有遠者。我可以往、彼可以来、曰通。通形者、先居高陽、利糧道以戦則利。可以往、難以返、曰挂。挂形者、敵無備、出而勝之、敵若有備、出而不勝、難以返、不利。我出而不利、彼出而不利、曰支。支形者、敵雖利我、我無出也。引而去之、令敵半出而撃之利。隘形者、我先居之、必盈之以待敵。若敵先居之、盈而勿従。不盈而従之。険形者、我先居之、必居高陽以待敵。若敵先居之、引而去之勿従也。遠形者、勢均難以挑戦、戦而不利。凡此六者、地之道也。将之至任、不可不察也。

【二】敗北を招く六つの状態

軍は、「走《そう》」「弛《し》」「陥《かん》」「崩《ほう》」「乱《らん》」「北《ぼく》」の状態に置かれたとき、敗戦を招く。この六つは、いずれも不可抗力によるものではなく、あきらかに将たる者の過失によって生じる。

「走」――彼我の勢力が拮抗しているとき、一の力で十の敵と戦う羽目になった場合

「弛」――兵卒が強くて軍幹部が弱い場合

「陥」――軍幹部が強くて兵卒が弱い場合

「崩」――将帥と最高幹部の折合いが悪く、最高幹部が不平を抱いて命令に従わず、かってに敵

と戦い、将師もかれらの能力を認めていない場合

「乱」――将師が惰弱で厳しさに欠け、軍令も徹底せず、したがって将兵に統制がなく、戦闘配置もでたらめな場合

「北」――将師が敵情を把握することができず、劣勢な兵力で優勢な敵に当たり、弱兵で強力な敵と戦い、しかも自軍には中核となるべき精鋭部隊を欠いている場合

以上六つの状態は、敗北を招く原因である。これは、いずれも将師の重大な責任であるから、いやがうえにも慎重な配慮が望まれる。

■四つの不和 『呉子』も、「団結がなければ戦うことができない」として、こう述べている。「団結を乱す不和に、国の不和、軍の不和、部隊の不和、戦闘における不和の四つがある。国に団結がなければ、軍を出動させるべきではない。軍に団結がなければ、部隊を出撃させるべきではない。部隊に団結がなければ、進撃させるべきではない。戦闘にさいして団結がなければ、決戦に出るべきではない」（図国篇）

故《ゆえ》に兵《へい》には、走《そう》なるものあり、弛《し》なるものあり、陥《かん》なるものあり、崩《ほう》なるものあり、乱《らん》なるものあり、北《ほく》なるものあり。およそこの六者《ろくしゃ》は、天《てん》の災《わざわ》いに非《あら》ず、将《しょう》の過《あやま》ちなり。それ勢《いきお》い均《ひと》しきとき、一《いち》を以《も》って十《じゅう》を撃《う》つを走《そう》と曰《い》う。卒強《そつつよ》くして吏弱《りよわ》きを弛《し》と曰《い》う。吏強《りつよ》くして卒弱《そつよわ》きを陥《かん》と曰《い》う。大吏怒《だいりいか》りて服《ふく》さず、敵《てき》に遇《あ》えば懟《うら》みて自《みずか》ら戦《たたか》い、将《しょう》はその能《のう》を知《し》らざるを崩《ほう》と曰《い》う。将弱《しょうよわ》くして厳《げん》ならず、教道《きょうどう》も明《あきら》かならずして、吏卒常《りそつつね》なく、兵《へい》を陳《つら》ぬること縦横《じゅうおう》＊なるを乱《らん》と曰《い》う。将《しょう》、

＊**縦横**　統制のとれていないこと。

敵《てき》を料《はか》ること能《あた》わず、少《しょう》を以《も》って衆《しゅう》に合《あ》い、弱《じゃく》を以《も》って強《きょう》を撃《う》ち、兵《へい》に選鋒《せんぽう》＊なきを北《ほく》と曰《い》う。およそこの六者《ろくしゃ》は敗《はい》の道《みち》なり。将《しょう》の至任《しにん》にして、察《さつ》せざるべからず。

故兵有走者、有弛者、有陥者、有崩者、有乱者、有北者。凡此六者、非天之災、将之過也。夫勢均、以一撃十曰走。卒強吏弱曰弛。吏強卒弱曰陥。大吏怒而不服、遇敵懟而自戦、将不知其能、曰崩。将弱不厳、教道不明、吏卒無常、陳兵縦横、曰乱。将不能料敵、以少合衆、以弱撃強、兵無選鋒、曰北。凡此六者、敗之道也。将之至任、不可不察也。

＊選鋒　選抜された精鋭部隊。

【三】地形は兵の助けなり

地形は、勝利をかちとるための有力な補助的条件である。したがって、敵の動きを察知し、地形の険阻遠近をにらみあわせながら作戦計画を策定するのは、将帥の務めである。

これを知ったうえで戦う者は必ず勝利を収め、これを知らずに戦う者は必ず敗北を招く。

それ故、必ず勝てるという見通しがつけば、君主が反対しても、断固戦うべきである。逆に、勝てないと見通しがつけば、君主が戦えと指示してきても、絶対に戦うべきでない。

その結果として、将帥は、功績をあげても名誉を求めず、敗北しても責任を回避してはならぬ。ひたすら人民の安全を願い、君主の利益をはかるべきである。そうあってこそ、国の宝と言えるのだ。

■進んで名を求めず　『老子』に「あえて天下の先たらず、故によく器長《きちょう》となる」とあるのと近い考え方である。どういうわけか、昭和になってからの海軍の将帥たちは、「老荘思想」に親しみ、その影響を強く受けていたという。米内光政のような、名利に恬淡《てんたん》たる人物が出てきたのは、そういうことが一つの背景になっていたように思われる。その米内が連合艦隊司令長官に就任したとき、記者団に抱負を聞かれて、「いっさいを部下にまかせてボーッとしている。だいたい司令官というものは、むずかしいことはみな部下にやってもらうものだよ」と答えたという。

■退いて罪を避けず　米内と名コンビをうたわれた山本五十六も、米内とはちがった意味で、なかなかの名将だった。連合艦隊司令長官として、ハワイ、マレー沖で大勝してもおごらず、功をみな部下にゆずった。また、ミッドウェイ海戦で、参謀の不手ぎわと前線指揮官の不用心で敗れたとき、参謀たちがしきりに、「陛下に申しわけがない」と言うと、「お上には私がおわびする」と叱りつけ、責任を一人でかぶったという。

それ地形《ちけい》は兵《へい》の助《たす》けなり。敵《てき》を料《はか》りて勝《か》ちを制《せい》し、険阨遠近《けんあいえんきん》を計《はか》るは、上将《じょうしょう》の道《みち》なり。これを知《し》りて戦《たたか》いを用《もち》うる者《もの》は必《かなら》ず勝《か》ち、これを知《し》らずして戦《たたか》いを用《もち》うる者《もの》は必《かなら》ず敗《やぶ》る。故《ゆえ》に戦道必《せんどうかなら》ず勝《か》たば、主《しゅ》は戦《たたか》うなかれと曰《い》うとも、必《かなら》ず戦《たたか》いて可《か》なり。戦道《せんどう》勝《か》たずんば、主《しゅ》は必《かなら》ず戦《たたか》えと曰《い》うとも、戦《たたか》うなくして可《か》なり。故《ゆえ》に進《すす》んで名《な》を求《もと》めず、退《しりぞ》いて罪《つみ》を避《さ》けず、ただ人《ひと》をこれ保《たも》ちて而《しか》して利《り》、主《しゅ》に合《あ》うは、国《くに》の宝《たから》なり。

夫地形者、兵之助也。料敵制勝、計険阨遠近、上将之道也。知此而用戦者必勝、不知此而用戦者必敗。故戦道必勝、主曰無戦、必戦可也。戦道不勝、主曰必戦、無戦可也。故進不求名、退不避罪、唯人是保、而利合於主、国之宝也。

【四】卒《そつ》を視《み》ること嬰児《えいじ》の如し

将帥にとって、兵士は赤ん坊と同じようなものである。そうあってこそ、兵士は深い谷底までも行動を共にするのだ。

将帥にとって、兵士はわが子と同じようなものである。そうあってこそ、兵士は喜んで生死を共にしようとするのだ。

しかしながら、部下を厚遇するだけで思いどおりに使えず、可愛がるだけで命令できず、軍規に触れても罰を加えることができなければ、どうなるか。そうなったら、わがまま息子を養っているようなもので、ものの役には立たなくなってしまう。

■李広《りこう》と程不識《ていふしき》の違い　李広と程不識はともに漢代の名将で、対匈奴《きょうど》戦争に活躍した人物であるが、こと部下の統率術となると、きわめて対照的であった。

李広のほうは、下賜された恩賞はそのまま部下に分け与え、飲食もつねに兵士と同じものをとり、しかも兵士全員に行きわたるまでは、けっして手をつけようとしなかった。それだけに部下も心から李広を慕い、命令には喜んで服従した。反面、李広の軍は、行軍中でも隊伍・陣形はばらばら。湖水や草地に出ると、兵士や馬を休ませて自由行動をとらせる。夜もそれほどきびしい警戒をしない。ただ、斥候だけは遠くまで出しておいたので、敵襲による損害を受けたことはなかった。

一方、程不識のほうは、軍の編成から隊伍・陣形まで一糸乱れず、夜もきびしい警戒を怠らない。帳簿のたぐいも部下に命じて克明に記録させたので、兵士は息つくひまもなかった。二人のちがいについて、当の程不識自身がこう評したという。

「李広の軍律はゆるやかにすぎ、不意打ちを受けたらひとたまりもない。しかし、兵士はのびのびと行動し、李広のためなら喜んで死のうとする者ばかりだ。これに対し、わが軍は李広とちがって軍律はきびしいが、これまた攻撃を受けても、びくともしない」

李広方式と程不識方式をミックスさせて長短を補えば、『孫子』のそれに近づくのかもしれない。

卒《そつ》を視《み》ること嬰児《えいじ》の如《ごと》し、故《ゆえ》にこれと深谿《しんけい》に赴《おもむ》くべし。卒《そつ》を視《み》ること愛子《あいし》の如《ごと》し、故《ゆえ》にこれと倶《とも》に死《し》すべし。厚《あつ》くして使《つか》うこと能《あた》わず、愛《あい》して令《れい》すること能《あた》わず、乱《みだ》れて治《おさ》むること能《あた》わざれば、譬《たと》えば驕子《きょうし》＊の若《ごと》く、用《もち》うべからざるなり。

視卒如嬰児、故可与之赴深谿。視卒如愛子、故可与之倶死。厚而不能使、愛而不能令、乱而不能

＊**驕子**　おごり高ぶった子ども。

治、譬若驕子、不可用也。

【五】兵を知る者は動いて迷わず

味方の兵士の実力を把握していても、敵の戦力の強大さを認識していなければ、勝敗の確率は五分五分である。

敵の戦力はそれほど強大なものではないと知っていても、味方の兵士の実力を把握していなければ、勝敗の確率はやはり五分五分である。

さらに、敵の戦力、味方の実力を十分に把握していても、地の利が悪いことに気づかなければ、これまた勝敗の確率は五分五分である。

戦上手は、敵、味方、地形の三者を十分に把握しているので、行動を起こしてから迷うことがなく、戦いが始まってから苦境に立たされることがない。

敵味方、双方の力量を正確に把握し、天の時と地の利を得て戦う者は、常に不敗である。

■ここで『孫子』はあらためて勝利するための条件を四つあげている。

一、彼を知る
一、己を知る
一、天の時をつかむ
一、地の利を生かす

「地の利」とは、企業経営で言えば立地条件ということになるが、これも成功するための大切な要件なのだという。

吾《わ》が卒《そつ》の以《も》って撃《う》つべきを知《し》るも、敵《てき》の撃《う》つべからざるを知《し》らざるは、勝《しょう》の半《なか》ばなり。敵《てき》の撃《う》つべきを知《し》るも、吾《わ》が卒《そつ》の以《も》って撃《う》つべからざるを知《し》らざるは、勝《しょう》の半《なか》ばなり。敵《てき》の撃《う》つべきを知《し》り、吾《わ》が卒《そつ》の以《も》って撃《う》つべきを知《し》るも、地形《ちけい》の以《も》って戦《たたか》うべからざるを知《し》らざるは、勝《しょう》の半《なか》ばなり。故《ゆえ》に兵《へい》を知《し》る者《もの》は、動《うご》いて迷《まよ》わず、挙《あ》げて窮《きゅう》せず。故《ゆえ》に曰《いわ》く、彼《かれ》を知《し》り己《おのれ》を知《し》れば、勝《しょう》、すなわち殆《あや》うからず。天《てん》を知《し》り地《ち》を知《し》れば、勝《しょう》、すなわち窮《きわ》まらず。

知吾卒之可以撃、而不知敵之不可撃、勝之半也。知敵之可撃、而不知吾卒之不可以撃、勝之半也。知敵之可撃、知吾卒之可以撃、而不知地形之不可以戦、勝之半也。故知兵者、動而不迷、挙而不窮。故曰、知彼知己、勝乃不殆。知天知地、勝乃不窮。

【第十二】九《きゅう》地《ち》篇

「利《り》に合《がっ》して動《うご》き、利《り》に合《がっ》せずして止《や》む」

「人《ひと》の及《およ》ばざるに乗《じょう》じ、虞《はか》らざるの道《みち》に由《よ》り、
その戒《いまし》めざる所《ところ》を攻《せ》むるなり」

「これを往《ゆ》く所《ところ》なきに投《とう》ずれば、死《し》すとも且《か》つ北《に》げず」

「善《よ》く兵《へい》を用《もち》うる者《もの》は、譬《たと》えば率然《そつぜん》の如《ごと》し」

「呉人《ごひと》と越人《えつひと》と相悪《あいにく》むも、その舟《ふね》を同《おな》じくして済《わた》り風《かぜ》に
遇《あ》うに当《あ》たりては、その相救《あいすく》うや左右《さゆう》の手《て》の如《ごと》し」

「これを亡地《ぼうち》に投《とう》じて然《しか》る後《のち》に存《そん》し、これを死地《しち》に陥《おとしい》れて
然《しか》る後《のち》に生《い》く」

「始《はじ》めは処女《しょじょ》の如《ごと》くにして、敵人《てきじん》、戸《と》を開《ひら》き、
後《のち》には脱兎《だっと》の如《ごと》くにして、敵《てき》、拒《ふせ》ぐに及《およ》ばず」

有利と見たら戦い、不利と見たら戦いを避ける。そして、敵の隙に乗じ、意表をついて攻める。これが作戦の要諦《ようてい》である。ただし、進むも退《ひ》くも、つねに全軍一丸となって戦う態勢をつくりあげなかったら、突破口を切り開くことができない。そのためには兵士を絶体絶命の状態、すなわち「死地」に置く必要がある。兵士を「死地」に投入してこそ、はじめて活路が開けるのである。そういう非情さもまた将たる者の条件と言ってよい。

【二】戦場の性格に応じた戦い

戦争には、戦場となる地域の性格に応じた戦い方がある。

まず、戦場となる地域を分類すれば、「散地《さんち》」「軽地《けいち》」「争地《そうち》」「交地《こうち》」「衢地《くち》」「重地《ちょうち》」「圮地《ひち》」「囲地《いち》」「死地《しち》」の九種類に分けることができる。

「散地」とは、自国の領内で戦う場合、その戦場となる地域をいう。

「軽地」とは、他国に攻め入るが、まだそれほど深く進攻しない地域をいう。

「争地」とは、敵味方いずれにとっても、奪取すれば有利になる地域をいう。

「交地」とは、敵味方いずれにとっても、進攻可能な地域をいう。

「衢地」とは、諸外国と隣接し、先にそこを押さえた者が諸国の衆望を集めうる地域をいう。

「重地」とは、敵の領内深く進攻し、敵の城邑に囲まれた地域をいう。

「圮地」とは、山林、要害、沼沢など行軍の困難な地域をいう。

「囲地」とは、進攻路がせまく、撤退するのに迂回を必要とし、敵は小部隊で味方の大軍を破ることのできる地域をいう。

「死地」とは、速やかに勇戦しなければ生き残れない地域をいう。

以上、九種類の地域については、それぞれ次の戦い方が望まれる。

「散地」――戦いを避けなければならない。

「軽地」――駐屯してはならない。
「争地」――敵に先をこされたら、攻撃してはならない。
「交地」――部隊間の連携を密にする。
「衢地」――外交交渉を重視する。
「重地」――現地調達を心がける。
「圮地」――速やかに通過する。
「囲地」――奇策を用いる。
「死地」――勇戦あるのみ。

■戦場の情況を九つに分類し、それぞれの情況に応じた戦い方を示しているが、勇戦敢闘を期待されるのは、わずかに最後の「死地」に置かれた場合だけである。『孫子』はおおむね無理をしない柔軟な戦い方を説いているが、ここにもその特徴がよく出ていると言ってよい。

孫子曰《そんしいわ》く、兵《へい》を用《もち》うるの法《ほう》に、散地《さんち》あり、軽地《けいち》あり、争地《そうち》あり、交地《こうち》あり、衢地《くち》あり、重地《ちょうち》あり、圮地《ひち》あり、囲地《いち》あり、死地《しち》あり。諸侯自《しょこうみずか》らその地《ち》に戦《たたか》うを散地《さんち》となす。人《ひと》の地《ち》に入《い》りて深《ふか》からざるものを軽地《けいち》となす。我得《われう》れば則《すなわ》ち利《り》あり、彼得《かれう》るもまた利《り》あるものを争地《そうち》となす。我以《われも》って往《ゆ》くべく、彼以《かれも》って来《き》たるべきものを交地《こうち》となす。諸侯《しょこう》の地《ち》三属《さんぞく》し、先《さき》に至《いた》れば天下《てんか》の衆《しゅう》を得《う》るものを衢地《くち》となす。人《ひと》の地《ち》に入《い》ること深《ふか》く、城邑《じょうゆう》を背《せ》にすること多《おお》きものを重地《ちょうち》となす。山林《さんりん》、険阻《けんそ》、沮沢《しょたく》、およそ行《ゆ》き難《がた》きの道《みち》を行《ゆ》くものを圮地《ひち》となす。由《よ》りて入《い》る所《ところ》のもの隘《せま》く、従《よ》りて帰《かえ》る所《ところ》のもの迂《う》にして、彼寡《かれか》にして以《も》って吾《わ》が衆《しゅう》を撃《う》つべきものを囲地《いち》となす。疾《と》く戦《たたか》えば則《すなわ》ち存《そん》し、疾《と》く戦《たたか》わざれば則《すなわ》ち亡《ほろ》ぶものを死地《しち》となす。この故《ゆえ》に散地《さんち》には則《すなわ》ち戦《たたか》うことなかれ。軽地《けいち》には則《すなわ》ち止《とど》まることなかれ。争地《そうち》には則《すなわ》ち攻《せ》むることなかれ。交地《こうち》には則《すなわ》ち絶《た》つことなかれ。衢地《くち》には則《すなわ》ち交《まじ》わりを合《がっ》す。重地《ちょうち》には則《すなわ》ち掠《かす》む。圮地《ひち》には則《すなわ》ち行《ゆ》く。囲地《いち》には則《すなわ》ち謀《はか》る。死地《しち》には則《すなわ》ち戦《たたか》う。

孫子曰、用兵之法、有散地、有軽地、有争地、有交地、有衢地、有重地、有圮地、有囲地、有死地。諸侯自戦其地、為散地。入人之地而不深者、為軽地。我得則利、彼得亦利者、為争地。我可以往、彼可以来者、為交地。諸侯之地三属、先至而得天下之衆者、為衢地。入人之地深、背城邑多者、為重地。行山林険阻沮沢、凡難行之道者、為圮地。所由入者隘、所従帰者迂、彼寡可以撃吾之衆者、為囲地。疾戦則存、不疾戦則亡者、為死地。是故散地則無戦。軽地則無止。争地則無攻。交地則無絶。衢地則合交。重地則掠。圮地則行。囲地則謀。死地則戦。

【二】先ずその愛する所を奪え

むかしの戦上手は、敵を攪乱《かくらん》することに巧みであった。すなわち、敵の先鋒部隊と後続部隊、主力部隊と支隊を切り離し、上官と部下、将校と兵士のあいだにくさびを打ちこみ、一丸となって戦えないようにしむけた。そして、有利とみれば戦い、不利とみればあえて戦わなかった。

では、敵が万全の態勢をととのえて攻め寄せてきたら、どうするか。

その場合は、機先を制して、敵のもっとも重視している所を奪取することだ。そうすれば、思いのままに振り回すことができる。

作戦の要諦は、なによりもまず迅速を旨とする。敵の隙に乗じ、思いもよらぬ道を通り、意表をついて攻めることだ。

■「愛する所」とは、扇の要にあたる部分である。要を取ってしまえば、どんな立派な扇でも、ばらばらに崩れてしまう。それと同じように、敵の要にあたる部分を奪取してしまえば、戦いを有利に進めることができるのだという。交渉や説得の場でも、大いに活用できることは、言うまでもない。

所謂古《いわゆるいにしえ》の善《よ》く兵《へい》を用うる者《もの》は、能《よ》く敵人《てきじん》をして前後相及《ぜんごあいおよ》ばず、衆寡相恃《しゅうかあいたの》まず、貴賤相救《きせんあいすく》わず、上下相収《じょうげあいおさ》めず、卒離《そつはな》れて集《あつ》まらず、兵合《へいがっ》して斉《ととの》わざらしむ。利《り》に合《がっ》して動《うご》き、利《り》に合《がっ》せずして止《や》む。敢《あ》えて問《と》う、敵衆整《てきしゅうととの》いてまさに来《き》たらんとす。これを待《ま》つこと若何《いかん》。曰《いわ》く、先《ま》ずその愛《あい》する所《ところ》を奪《うば》わば、則《すなわ》ち聴《き》かん。兵《へい》の情《じょう》は速《すみや》かなるを主《しゅ》とす。人《ひと》の及《およ》ばざるに乗《じょう》じ、虞《はか》らざるの道《みち》に由《よ》り、その戒《いまし》めざる所《ところ》を攻《せ》むるなり。

所謂古之善用兵者、能使敵人前後不相及、衆寡不相恃、貴賤不相救、上下不相収、卒離而不集、兵合而不斉。合於利而動、不合於利而止。敢問、敵衆整而将来。待之若何。曰、先奪其所愛則聴矣。兵之情主速。乗人之不及、由不虞之道、攻其所不戒也。

【三】敵領内での作戦

敵の領内深く進攻したときの作戦原則――

一、敵の領内深く進攻すれば、兵士は一致団結して事にあたるので、敵は対抗できない。
一、食糧は敵領内の沃野から徴発する。これで全軍の食糧をまかなう。
一、たっぷり休養をとり、戦力を温存して英気を養う。
一、敵の思いもよらぬ作戦計画を立てて、存分にあばれ回る。

こうして軍を逃げ道のない戦場に投入すれば、兵士は逃げ出すことができないから命がけで戦わざるをえなくなる。

兵士というのは、絶体絶命の窮地に立たされると、かえって恐怖を忘れる。逃げ道のない状態に追いこまれると、一致団結し、敵の領内深く入りこむと、結束を固め、どうしようもない事態になると、必死になって戦うものだ。

したがって兵士は、指示しなくても自分たちで戒めあい、要求しなくても死力を尽くし、軍紀で拘束しなくても団結し、命令しなくても信頼を裏切らなくなる。こうなると、あとは迷信と謡言を禁じて疑惑の気持を生じさせなければ、死を賭して戦うであろう。

かくて兵士は、生命財産をかえりみずに戦う。かれらとて実は、財産は欲しいし、生命は惜しいのだ。出陣の命令が下ったときは、死を覚悟して、涙が頰をつたわり、襟《えり》をぬらしたはずである。そのかれらが、いざ戦いとなったとき、専諸《せんしょ》や曹劌《そうけい》顔負けの働きをするのは、絶体絶命の窮地に立たされるからにほかならない。

■曹操《そうそう》の自信　西暦一九八年、曹操は南陽郡に割拠していた張繡《ちょうしゅう》の討伐に乗り出し、穣城《じょう》にこれを包囲した。だが、張繡もさるもの、隣りの荆州《けい》に割拠していた劉表《りゅうひょう》に援軍を要請し、前後から挟撃態勢をつくって抵抗する。苦戦におちいった曹操は、やむなく引き上げを決意するが、前には劉表の軍が行く手をさえぎり、後ろからは張繡の軍に追撃され、撤退は困難をきわめた。しかし、曹操は少しも動じない。このとき、遠征先の陣中から、都の許《きょ》で留守をあずかっていた家老の荀彧《じゅんいく》に親書をしたため、「敵の追撃にあって難渋しているが、心配はいらぬ。必ず破ってみせる」と、満々たる自信を示している。

さて曹操、どう難局を切り抜けたかというと、軍をまとめて山中の小道に逃げこみ、伏兵をおいて敵を誘いこんだのである。敵はえたりとばかり、全軍をあげて攻め寄せてきた。曹操は十分に誘いこんでから、弩《ど》のいっせい射撃をあびせた。浮き足立った敵に、こんどは四方からどっと伏兵が襲いかかった。敵は算を乱して敗走し、曹操は無事都に帰還することができたのである。

都に帰った曹操に、荀彧が、「それにしても危のうございましたな。よくぞご無事で

「……」と語りかけたところ、曹操は、「虜（敵）はわが帰師《きし》を遏《とど》め、而してわれと死地に戦う。われここをもって勝つことを知る」と答えたという。兵士を死地におけば、死力を尽くさせることができる――『孫子』の説くところを曹操も十分に承知していて、実戦に活用したのである。

およそ客《かく》たるの道《みち》*、深《ふか》く入《い》れば則《すなわ》ち専《せん》にして、主人《しゅじん》*克《か》たず。饒野《ぎょうや》に掠《かす》めて三軍食足《さんぐんしょくた》る。謹《つつし》み養《やしな》いて労《ろう》するなく、気《き》を併《あわ》せ力《ちから》を積《つ》む。兵《へい》を運《めぐ》らし計謀《けいぼう》して測《はか》るべからざるをなす。これを往《ゆ》く所《ところ》なきに投《とう》ずれば、死《し》すとも且《か》つ北《に》げず。

死焉《しいずく》んぞ得《え》ざらん。士人力《しじんちから》を尽《つ》くさん。兵士《へいし》、甚《はなは》だ陥《おちい》れば則《すなわ》ち懼《おそ》れず。往《ゆ》く所《ところ》なければ則《すなわ》ち固《かた》く、深《ふか》く入《い》れば則《すなわ》ち拘《こう》し、已《や》むを得《え》ざれば則《すなわ》ち闘《たたか》う。この故《ゆえ》に、その兵修《へいおさ》めずして戒《いまし》め、求《もと》めずして得《え》、約《やく》せずして親《した》しみ、令《れい》せずして信《しん》なり。祥《しょう》を禁《きん》じ疑《ぎ》を去《さ》らば、死《し》に至《いた》るまで之《ゆ》く所《ところ》なし。吾《わ》が士《し》、余財《よざい》なきも貨《か》を悪《にく》むに非《あら》ず、余命《よめい》なきも寿《じゅ》を悪《にく》むに非《あら》ず。令発《れいはつ》するの日《ひ》、士卒《しそつ》の坐《ざ》する者《もの》は涕襟《なみだえり》を霑《うるお》し、偃臥《えんが》する者《もの》は涕頤《なみだあご》に交《まじ》わる。これを往《ゆ》く所《ところ》なきに投《とう》ずれば、諸劌《しょけい》*の勇《ゆう》なり。

凡為客之道、深入則専、主人不克。掠於饒野、三軍足食。謹養而勿労、併気積力。運兵計謀、為不可測。投之無所往、死且不北。死焉不得。士人尽力。兵士甚陥則不懼。無所往則固、深入則拘、不得已則闘。是故其兵不修而戒、不求而得、不約而親、不令而信。禁祥去疑、至死無所之。吾士無余財、非悪貨也、無余命、非悪寿也。令発之日、士卒坐者、涕霑襟、偃臥者、涕交頤。投之無

***客たるの道**　敵の領内に進攻しての戦い方。

***主人**　この場合は敵を指す。

***諸劌**　専諸と曹劌。いずれも春秋時代の勇者として知られている。

所往者、諸劌之勇也。

【四】呉越同舟《ごえつどうしゅう》

戦上手の戦い方は、たとえば「率然《そつぜん》」のようなものである。「率然」とは常山《じょうざん》の蛇のことだ。常山の蛇は、頭を打てば尾が襲いかかってくる。尾を打てば頭が襲いかかってくる。胴を打てば頭と尾が襲いかかってくる。

では、軍を常山の蛇のように動かすことができるのか。

もちろん、それは可能である。

呉と越とはもともと仇敵同士であるが、たまたま両国の人間が同じ舟に乗り合わせ、暴風にあって舟が危ないとなれば、左右の手のように一致協力して助け合うはずだ。それには、馬をつなぎ、車を埋めて、陣固めするだけでは、十分ではない。全軍を打って一丸とするには、政治指導が必要である。勇者にも弱者にも、持てる力を発揮させるためには、地の利を得なければならない。

戦上手は、あたかも一人の人間を動かすように、全軍を一つにまとめて自由自在に動かすことができる。それはほかでもない、そうならざるを得ないように仕向けるからである。

■呉越同舟の計　〝オイル・ショック〟とか、〝経済不況〟を言いたてて、労働側の賃上げ攻勢を封じこめる資本側の戦略などもこれに近い。容れ物が危ないとなれば、それに乗り合わせた者は、利害の対立を越えて協力せざるをえないのである。この戦略は、国の場合にもよく使われる。内政に破綻が生じると、対外問題で危機感をあおりたて、国民の注意をそらして、国内危機を乗り切ろうとする。

故《ゆえ》に善《よ》く兵《へい》を用《もち》うる者《もの》は、譬《たと》えば率然《そつぜん》の如《ごと》し。率然《そつぜん》とは常山《じょうざん》＊の蛇《へび》なり。その首《くび》を撃《う》てば則《すなわ》ち尾《お》至《いた》り、その尾《お》を撃《う》てば則《すなわ》ち首《くび》至《いた》り、その中《なか》を撃《う》てば則《すなわ》ち首尾《しゅび》倶《とも》に至《いた》る。敢《あえ》て問《と》う、兵《へい》は率然《そつぜん》の如《ごと》くならしむべきか。曰《いわ》く、可《か》なり。それ呉人《ごひと》と越人《えつひと》と相悪《あいにく》むも、その舟《ふね》を同《おな》じくして済《わた》り風《かぜ》に遇《あ》うに当《あ》たりては、その相救《あいすく》うや左右《さゆう》の手《て》の如《ごと》し。この故《ゆえ》に馬《うま》を方《なら》べ輪《わ》を埋《う》むるも、いまだ恃《たの》むに足《た》らず。勇《ゆう》を斉《ととの》えて一《いち》の若《ごと》くするは政《せい》の道《みち》なり。剛柔皆得《ごうじゅうみなう》るは地《ち》の理《り》なり。故《ゆえ》に善《よ》く兵《へい》を用《もち》うる者《もの》は、手《て》を携《と》りて一人《いちにん》を使《つか》うが若《ごと》し。已《や》むを得《え》ざらしむればなり。

故善用兵者、譬如率然。率然者常山之蛇也。撃其首則尾至、撃其尾則首至、撃其中則首尾倶至。敢問、兵可使如率然乎。曰、可。夫呉人与越人相悪也、当其同舟而済遇風、其相救也、如左右手。是故方馬埋輪、未足恃也。斉勇若一、政之道也。剛柔皆得、地之理也。故善用兵者、携手若使一人。不得已也。

【五】人をして慮《おもんばか》ることを得ざらしむ

＊**常山**　恒山《こうざん》のこと。五嶽の一つ。

軍を統率するにあたっては、あくまでも冷静かつ厳正な態度で臨まなければならない。兵士には作戦計画を知らせる必要はないのである。戦略戦術の変更についてはもちろん、軍の移動、迂回路の選択等についても、兵士にそのねらいを知られてはならない。

いったん任務を授けたら、二階にあげて梯子をはずしてしまうように、退路を断ってしまうことだ。敵の領内に深く進攻したら、弦をはなれた矢のように進み、舟を焼き、釜をこわして、兵士に生還をあきらめさせ、羊を追うように存分に動かすことだ。しかも兵士には、どこへ向かっているのか、まったくわからない。

このように全軍を絶体絶命の境地に追いこんで死戦させる——これが将師の任務である。したがって、将師は、九地の区別、進退の判断、人情の機微について、慎重に配慮しなければならない。

■『孫子』はこの篇において、「兵士に死力をつくして戦わせるためには、死地に置くことだ」と、繰り返し説いている。その目は、恐ろしいまでに醒《さ》めているのである。たしかに、死を覚悟した人間は強い。『尉繚子《うつりょうし》』も、少しちがった角度からこう語っている。

「刃物をふりかざして町中をあばれまわっている暴漢がいれば、人は誰しも近づこうとはしない。だからといって、この男にだけ勇気があり、他の人間はみな腰抜けだと断定するわけにはゆかない。それはただ、死を覚悟した人間と、生に執着する者との相違を示しているだけのことである」(制談篇)

現代の企業では、部下を死地におい やり、死を覚悟させたりすることは、許されない。

――しかし、疑似死地の状態をどうつくり出すかが、部下のやる気を引き出す一つの鍵だと言えるかもしれない。

軍《ぐん》に将《しょう》たるのことは、静《せい》以《も》って幽《ゆう》、正《せい》以《も》って治《ち》。能《よ》く士卒《しそつ》の耳目《じもく》を愚《ぐ》にして、これをして知《し》ることなからしむ。その事《こと》を易《か》え、その謀《ぼう》を革《あらた》めて、人《ひと》をして識《し》ることなからしむ。その居《きょ》を易《か》え、その途《みち》を迂《う》にして、人《ひと》をして慮《おもんばか》ることを得《え》ざらしむ。帥《ひき》いてこれと期《き》するや、高《たか》きに登《のぼ》りてその梯《てい》を去《さ》るが如《ごと》し。帥《ひき》いてこれと深《ふか》く諸侯《しょこう》の地《ち》に入《い》りて、その機《き》を発《はっ》するや、舟《ふね》を焚《や》き釜《ふ》を破《やぶ》りて、群羊《ぐんよう》を駆《か》るが若《ごと》し。駆《か》られて往《ゆ》き、駆《か》られて来《き》たるも、之《ゆ》く所《ところ》を知《し》るなし。三軍《さんぐん》の衆《しゅう》を聚《あつ》めてこれを険《けん》に投《とう》ずるは、これ軍《ぐん》に将《しょう》たるの事《こと》と謂《い》うなり。九地《きゅうち》の変《へん》、屈伸《くっしん》の利《り》、人情《にんじょう》の理《り》、察《さっ》せざるべからず。

将軍之事、静以幽、正以治。能愚士卒之耳目、使之無知。易其事、革其謀、使人無識。易其居、迂其途、使人不得慮。帥与之期、如登高而去其梯。帥与之深入諸侯之地、而発其機、焚舟破釜、若駆群羊。駆而往、駆而来、莫知所之。聚三軍之衆、投之於険、此謂将軍之事也。九地之変、屈伸之利、人情之理、不可不察。

【六】情況に応じた戦い方

敵の領内に進攻した場合、奥深く進攻すれば味方の団結は強まるが、それほど深く進攻しないときは、団結に乱れを生じやすい。

国境を越えて進攻するということは、すなわち孤立した状態で戦うことである。そして、同じ敵の領内でも、道が四方に通じている所が「衢地《くち》」、奥深く進攻した所が「重地《ちょうち》」、それほど深く進攻しない所が「軽地《けいち》」、後ろに要害、前に隘路をひかえ、進退ともに困難な所が「囲地《いち》」、逃げ場のない所が「死地《しち》」である。

では、そのような地で戦うには、どのような配慮が必要とされるのか。

「散地」では、兵士の心を一つにまとめて団結を固めなければならない。

「軽地」では、部隊間の連携を密接にしなければならない。

「争地」では、急いで敵の背後に回らなければならない。

「交地」では、自重して守りを固めなければならない。

「衢地」では、諸外国との同盟関係を固めなければならない。

「重地」では、軍糧の調達をはからなければならない。

「圮地《ひち》」では、迅速に通過することを考えなければならない。

「囲地」では、みずから逃げ道をふさいで、兵士に決死の覚悟を固めさせなければならない。

「死地」では、戦う以外に生きる道がないことを全軍に示さなければならない。

もともと兵士の心理は、包囲されれば抵抗し、ほかに方法がないとわかれば必死で戦い、いよいよせっぱつまれば上の命令に従うものである。

■この篇の冒頭で戦場の情況に応じた九種類の戦い方をとりあげているが、このくだりはそれを少し違った角度から、あらためてとりあげたもの。言い方はやや異なっているが、言わんとする趣旨は同じである。

およそ客《かく》たるの道《みち》は、深《ふか》ければ則《すなわ》ち専《せん》に、浅《あさ》ければ則《すなわ》ち散《さん》ず。国《くに》を去《さ》り境《きょう》を越《こ》えて師《し》するものは、絶地《ぜっち》なり。四達《したつ》するものは、衢地《くち》なり。入《い》ること深《ふか》きものは、重地《ちょうち》なり。入《い》ること浅《あさ》きものは、軽地《けいち》なり。固《こ》を背《せ》にし隘《あい》を前《まえ》にするものは、囲地《いち》なり。往《ゆ》く所《ところ》なきものは、死地《しち》なり。この故《ゆえ》に散地《さんち》には吾《われ》まさにその志《こころざし》を一《いつ》にせんとす。軽地《けいち》には吾《われ》まさにこれをして属《ぞく》せしめんとす。争地《そうち》には吾《われ》まさにその後《うしろ》に趨《おもむ》かんとす。交地《こうち》には吾《われ》まさにその守《まも》りを謹《つつし》まんとす。衢地《くち》には吾《われ》まさにその結《むす》びを固《かた》くせんとす。重地《ちょうち》には吾《われ》まさにその食《しょく》を継《つ》がんとす。圮地《ひち》には吾《われ》まさにその塗《みち》を進《すす》まんとす。囲地《いち》には吾《われ》まさにその闕《けつ》を塞《ふさ》がんとす。死地《しち》には吾《われ》まさにこれに示《しめ》すに活《い》きざるを以《も》ってせんとす。故《ゆえ》に兵《へい》の情《じょう》、囲《かこ》まるれば則《すなわ》ち禦《ふせ》ぎ、已《や》むを得《え》ざれば則《すなわ》ち闘《たたか》い、過《す》ぐれば則《すなわ》ち従《したが》う。

凡為客之道、深則専、浅則散。去国越境而師者、絶地也。四達者、衢地也。入深者、重地也。入浅者、軽地也。背固前隘者、囲地也。無所往者、死地也。是故散地吾将一其志。軽地吾将使之属。争地吾将趨其後。交地吾将謹其守。衢地吾将固其結。重地吾将継其食。圮地吾将進其塗。囲地吾将塞其闕。死地吾将示之以不活。故兵之情、囲則禦、不得已則闘、過則従。

【七】死地に陥《おとしい》れて然《しか》る後に生く

諸外国の出方を読みとっておかなければ、前もって外交方針を決定することができない。山林、険阻、沼沢などの地形を把握しておかなければ、軍を進攻させることができない。道案内を使わなければ、地の利を占めることができない。

これらのうち一つでも欠けば、もはや天下を制圧する覇王の軍とは言えないのである。

このような覇王の軍がひとたび攻撃を加えれば、いかなる大国といえども、軍を動員するいとまもない状態に追いこまれるであろう。また、威圧を加えるだけで、相手国は外交関係の孤立を招くであろう。したがって、外交関係に腐心し、同盟国の援助をあてにするまでもなく、思いのままに相手を圧倒し、城を取り、国を破ることができるのである。

時には兵士に規定外の報奨金を与えたり、常識はずれの命令を下したりすることも考えられてよい。そうすれば、あたかも一人の人間を使うように全軍を動かすことができる。

兵士に任務を与えるさいには、説明は不必要である。有利な面だけを告げて、不利な面は伏せておかなければならない。

絶体絶命の窮地に追いこみ、死地に投入してこそ、はじめて活路が開ける。兵士というのは、危険な状態におかれてこそ、はじめて死力を尽くして戦うものだ。

――■**韓信《かんしん》の背水の陣**　漢の高祖に仕え、用兵の天才とうたわれた武将に、韓信という人物がいた。若いころ、町のならず者にからまれて「股くぐり」をさせられ、〝ならぬ堪忍するが堪忍〟の好例として、しばしば引き合いに出されるあの人物である。その韓信が高祖の命を受けて趙《ちょう》を攻めたときのことである。韓信の率いる部隊はわずか一万。これに対して趙の軍は二十万。しかも相手は要害の地に堅固な砦をきずいて待ちかまえていた。尋常な攻め方では、万に一つの勝ち目もない。

このときかれは河を背にして布陣するという思いきった策を使って、もののみごとに敵の大軍を撃ち破っている。

戦い終わってから、参謀の一人が「水を背にして戦うとは聞いたこともありませんが、これはいったい、いかなる戦術なのですか」と聞いたところ、韓信はこう答えたという。

「いや、兵法にも、軍を死地に陥れて初めて生きる、とあるではないか。それをちょっと応用したのが、この背水の陣じゃ。なにしろわが軍は寄せ集めの軍勢。これを生地においたら、たちまちバラバラになってしまう。だから、死地においたまでのことさ」

韓信の「背水の陣」も、『孫子』の兵法の応用だったのである。

この故《ゆえ》に諸侯《しょこう》の謀《はかりごと》を知《し》らざる者《もの》は、予《あらかじ》め交《まじ》わること能《あた》わず。山林《さんりん》、険阻《けんそ》、沮沢《しょたく》の形《けい》を知《し》らざる者《もの》は、軍《ぐん》を行《や》ること能《あた》わず。郷導《きょうどう》を用《もち》いざる者《もの》は、地《ち》の利《り》を得《う》ること能《あた》わず。四五《しご》の者一《ものいち》を知《し》らざれば、覇王《はおう》の兵《へい》に非《あら》ざるなり。それ覇王《はおう》の兵《へい》、大国《たいこく》を伐《う》たば、則《すなわ》ちその衆聚《しゅうあつ》まることを得《え》ず。威《い》、敵《てき》に加《くわ》うれば、則《すなわ》ちその交《まじ》わり、合《がっ》することを得《え》ず。この故《ゆえ》に天下《てんか》の交《まじ》わりを争《あらそ》わず、天下《てんか》

の権《けん》を養《やしな》わず、己《おのれ》の私《し》を信《の》べ、威《い》、敵《てき》に加《くわ》わる。故《ゆえ》にその城《しろ》は抜《ぬ》くべく、その国《くに》は隳《やぶ》るべし。無《む》法《ほう》の賞《しょう》を施《ほどこ》し、無政《むせい》の令《れい》を懸《か》け、三軍《さんぐん》の衆《しゅう》を犯《おか》すこと一人《いちにん》を使《つか》うが若《ごと》し。これを犯《おか》すに事《こと》を以《も》ってし、告《つ》ぐるに言《げん》を以《も》ってすることなかれ。これを犯《おか》すに利《り》を以《も》ってし、告《つ》ぐるに害《がい》を以《も》ってすることなかれ。これを亡地《ぼうち》に投《とう》じて然《しか》る後《のち》に存《そん》し、これを死地《しち》に陥《おとしい》れて然《しか》る後《のち》に生《い》く。それ衆《しゅう》は害《がい》に陥《おとしい》れて、然《しか》る後《のち》に能《よ》く勝敗《しょうはい》をなす。

是故不知諸侯之謀者、不能予交。不知山林、険阻、沮沢之形者、不能行軍。不用郷導者、不能得地利。四五者、不知一、非覇王之兵也。夫覇王之兵、伐大国、則其衆不得聚。威加於敵、則其交不得合。是故不争天下之交、不養天下之権、信己之私、威加於敵。故其城可抜、其国可隳。施無法之賞、懸無政之令、犯三軍之衆、若使一人。犯之以事、勿告以言。犯之以利、勿告以害。投之亡地、然後存、陥之死地、然後生。夫衆陥於害、然後能為勝敗。

【八】始めは処女の如く

作戦行動の要諦は、わざと敵のねらいにはまったふりをしながら、機をとらえて兵力を集中し、敵の一点に向けることである。そうすれば、千里の遠方に軍を送っても、敵の将軍を虜にすることができる。これこそ、まことの戦上手と言うべきである。

いよいよ開戦というときには、まず関所を閉鎖して通行証を廃棄し、使者の往来を禁ずるとともに、廟堂では、軍議をこらして作戦計画を決定する。もし敵につけ入る隙があれば、速やかに進攻し、あくまでも隠密裡に、敵のもっとも重視している所に先制攻撃をかける。そして、敵の出方に応じて随時、作戦計画に修正を加えて行く。

要するに、最初は処女のように振る舞って敵の油断をさそうことだ。そこを脱兎のごとき勢いで攻めたてれば、敵はどう頑張ったところで防ぎきることはできない。

■「始めは処女の如く、終わりは脱兎の如し」ということばの出典が、『孫子』のこの部分である。本文の記述でも明らかなように、「処女の如し」といっても、たんに神妙にしているということではない。それどころか、表面の神妙さとは逆に、その裏には海千山千の手練手管を秘めている。ただ、それは表面だけを見ると処女のようにしか見えないというだけのことである。したがって、『孫子』のいう「処女の如し」とは、中国人の得意とする権謀術数の極致であるとも言える。

故《ゆえ》に兵《へい》を為《な》すの事《こと》は、敵《てき》の意《い》に順詳《じゅんしょう》し、敵《てき》を一向《いっこう》に并《あわ》せて、千里《せんり》に将《しょう》を殺《ころ》すに在《あ》り。これを巧《たく》みに能《よ》く事《こと》を成《な》す者《もの》と謂《い》うなり。この故《ゆえ》に政挙《せいあ》ぐるの日《ひ》、関《かん》を夷《とど》め符《ふ》＊を折《お》りて、その使《し》を通《つう》ずることなく、廊廟《ろうびょう》の上《うえ》に厲《はげ》まし、以《も》ってその事《こと》を誅《せ》む。敵人開闔《てきじんかいこう》＊すれば必《かなら》ず亟《すみや》かにこれに入《い》り、その愛《あい》する所《ところ》を先《さき》にして微《ひそ》かにこれと期《き》し、践墨《せんぼく》して敵《てき》に随《したが》い＊、以《も》って戦事《せんじ》を決《けっ》す。この故《ゆえ》に始《はじ》めは処女《しょじょ》の如《ごと》くにして、敵人《てきじん》、戸《と》を開《ひら》き、後《のち》には脱兎《だっと》の如《ごと》くにして、敵《てき》、拒《ふせ》ぐに及《およ》ばず。

＊**符**　割符。通行手形。

＊**開闔**　開くことと閉じること。ここは門を開くこと。

＊**践墨して敵に随い**　敵情に応じて予定の作戦計画に変更を加えていくこと。

故為兵之事、在於順詳敵之意、幷敵一向、千里殺将。此謂巧能成事者也。是故政挙之日、夷関折符、無通其使、厲於廊廟之上、以誅其事。敵人開闔、必亟入之、先其所愛、微与之期、践墨随敵、以決戦事。是故始如処女、敵人開戸、後如脱兎、敵不及拒。

戦国時代の陶器の図案

【第十二】火攻篇《かこうへん》

「戦勝攻取《せんしょうこうしゅ》してその功《こう》を修《おさ》めざるは凶《きょう》なり」

「利《り》に非《あら》ざれば動《うご》かず、得《う》るに非《あら》ざれば用《もち》いず、危《あや》うきに非《あら》ざれば戦《たたか》わず」

「主《しゅ》は怒《いか》りを以《も》って師《し》を興《おこ》すべからず、将《しょう》は慍《いきどお》りを以《も》って戦《たたか》いを致《いた》すべからず」

「亡国《ぼうこく》は以《も》って復《ま》た存《そん》すべからず、死者《ししゃ》は以《も》って復《ま》た生《い》くべからず」

火攻め、水攻めも、情況に応じて適宜採用すべきである。ただし、敵を破り城を奪っても、肝心の戦争目的を達しなければ、結果は失敗である。それ故、名将はつねに慎重な態度で戦争目的の達成につとめ、必勝の態勢でなければ作戦行動に乗り出さない。戒むべきは、怒りに駆られて行動を起こすことである。将たる者がそんなことをしたのでは、たちまち国の滅亡を招く。くれぐれも慎重に対処しなければならない。

【二】火攻めのねらい

火攻めには、次の五つのねらいがある。

一、人馬を焼く
二、軍糧を焼く
三、輜重《しちょう》を焼く
四、倉庫を焼く
五、屯営を焼く

いずれの場合でも、火攻めを行なうには、一定の条件が満たされなければならない。また、発火器具などもあらかじめ備えつけておかなければならない。

火攻めには、決行に適した時期というものがある。すなわち、空気が乾燥し、月が箕《き》、壁《へき》、翼《よく》、軫《しん》（いずれも星座の名）にかかるときこそ、まさにその時だ。なぜなら、月がこれらの星座にかかるときには、必ず風が吹き起こるからである。

■赤壁《せきへき》の戦い　中国の戦史のなかで、「火攻め」で最も劇的な成功を収めたのが、「赤壁の戦い」（西暦二〇八年）であった。このときは戦《いくさ》巧者の曹操《そうそう》が大敗北を喫している。

「官渡の戦い」で北中国に覇権を確立した曹操は、八年後、南征の軍をおこして江東の地に割拠する孫権《そんけん》に戦いを挑んだ。孫権さえ降せば、天下の統一は成ったも同然である。曹操の軍は大艦隊をつらねて長江（揚子江）の流れを下る。その数二十四、五万。これに対し、孫権は断固抗戦の決意を固め、宿将の周瑜《しゅうゆ》に三万の水軍をさずけて迎え撃たせた。これに劉備《りゅうび》の軍一万が合流し、その数合わせて四万。

周瑜の軍団は長江をさかのぼり、赤壁で曹操の軍と遭遇した。曹操の大艦隊は北岸に停泊し、周瑜の軍団は南岸に舫《もやい》して、たがいに相手の出方をうかがう。このとき、部将の黄《こう》蓋《がい》が周瑜に進言した。

「いま、敵は多勢、味方は無勢、持久戦ともなれば勝ち目はありません。しかしながら、敵艦のさまを見やれば、へさきとともが接続しております。焼き打ちの計こそ上策でござる」

曹操軍の兵士は、北方育ちで艦船には不慣れであったので、艦と艦をつないで横揺れをふせいでいたのである。黄蓋の献策に「よし」とうなずいた周瑜は、さっそく快速戦艦十隻を用意させ、その上にびっしりと枯れ草を積みこんで油をかけ、幔幕《まんまく》でかくして旗指物を立てた。戦艦のともには、脱出用のはしけをつなぐ。黄蓋はあらかじめ曹操に書状を送って、わざと降伏を申し入れた。

さて、『孫子』にもあるように、焼き打ちを成功させるには風が必要である。『三国志演義』によれば、このとき、劉備の軍師諸葛亮は丘の上に七星壇をまつり、「風よ吹け」と天に祈ったというが、もとよりお話にすぎない。しかし、周瑜以下諸将の気持ちはまさにそうだったにちがいない。

かれらの願いが天に通じたのか、翌朝、東南の風が長江の水面を吹きわたった。黄蓋はただちに進発を命じ、全艦一団となって北をめざした。曹操軍の将兵は、ひとり残らず首をのばして見物し、「見ろ、黄蓋が降伏してくるぞ」と、言いあった。

あと数百メートルに迫ったと見るや、黄蓋の艦船がいっせいに火を吹き、折からの風にあおられ、火だるまとなって突っこんで行く。アッというまに水上の艦船を焼きつくし、火は岸の陣屋に燃えひろがる。燃えあがる炎は空をこがし、人も馬も焼死する者、溺死する者、おびただしい数にのぼった。周瑜らが軽装備の精鋭部隊を率いてその後に続き、どっとばかりに襲いかかる。曹操の軍は総崩れとなって敗走し、かれ自身も命からがら逃げ帰ったのである。

孫子曰《そんしいわ》く、およそ火攻《かこう》に五《ご》あり。一《いち》に曰《いわ》く、人《ひと》を火《や》く。二《に》に曰《いわ》く、積《し》を火《や》く。三《さん》に曰《いわ》く、輜《し》を火《や》く。四《し》に曰《いわ》く、庫《こ》を火《や》く。五《ご》に曰《いわ》く、隊《たい》を火《や》く。火《ひ》を行《おこ》なうには必《かなら》ず因《いん》あり。煙火《えんか》は必《かなら》ず素《もと》より具《そな》う。火《ひ》を発《はっ》するに時《とき》あり、火《ひ》を起《お》こすに日《ひ》あり。時《とき》とは天《てん》の燥《かわ》けるなり。日《ひ》とは月《つき》の箕《き》、壁《へき》、翼《よく》、軫《しん》に在《あ》るなり。およそこの四宿《ししゅく》*は風起《かぜお》こるの日《ひ》なり。

孫子曰、凡火攻有五。一曰火人、二曰火積、三曰火輜、四曰火庫、五曰火隊。行火必有因。煙火必素具。発火有時、起火有日。時者天之燥也。日者月在箕壁翼軫也。凡此四宿者、風起之日也。

***四宿**　古代中国では、星座が二八宿あるとした。箕、壁、翼、軫はいずれもその一つ。

【二】臨機応変の運用

火攻めにさいしては、その時々の情況に応じて臨機応変の処置をとらなければならない。

敵陣に火の手があがったときは、外側からすばやく呼応して攻撃をかける。

火の手があがっても敵陣が静まりかえっているときは、攻撃を見合わせてそのまま待機し、火勢を見きわめたうえで、攻撃すべきかどうかを判断する。

敵陣の外側から火を放つことが可能なときは、敵の反応を待つまでもなく、好機をとらえて火を放つ。

風上に火の手があがったときは、風下から攻撃をかけてはならない。

昼間の風は持続するが、夜の風はすぐに止む。このことにも十分な留意が望まれる。

戦争を行なうには、火攻めの方法を把握したうえで、以上の条件に応じてそれを活用することが大切である。

■火攻めのねらいは、敵の陣営を混乱に陥れることであって、これだけでは勝利の決め手とはなりにくい。そこで火攻めの効果をあげるためには、次に打つべき手をあらかじめ用意しておく必要がある。

およそ火攻《かこう》は、必《かなら》ず五火《ごか》の変《へん》に因《よ》りてこれに応《おう》ず、火《ひ》、内《うち》に発《はっ》すれば、則《すなわ》ち早《はや》くこれに外《そと》に応《おう》

ず。火《ひ》発《はっ》して兵静《へいしず》かなるは、待《ま》ちて攻《せ》むることなかれ。その火力《かりょく》を極《きわ》め、従《したが》うべくしてこれに従《したが》い、従《したが》うべからずして止《や》む。火《ひ》、外《そと》に発《はっ》すべくんば、内《うち》に待《ま》つことなく、時《とき》を以《も》ってこれを発《はっ》せよ。火《ひ》、上風《じょうふう》に発《はっ》すれば、下風《かふう》を攻《せ》むることなかれ。昼《ひる》の風《かぜ》は久《ひさ》しく、夜《よる》の風《かぜ》は止《や》む。およそ軍《ぐん》は必《かなら》ず五火《ごか》の変《へん》あるを知《し》り、数《すう》を以《も》ってこれを守《まも》る。

凡火攻、必因五火之変而応之。火発於内、則早応之於外。火発兵静者、待而勿攻。極其火力、可従而従之、不可従而止。火可発於外、無待於内、以時発之。火発上風、無攻下風。昼風久、夜風止。凡軍必知有五火之変、以数守之。

【三】火攻めと水攻め

火攻めは、水攻めとともに、きわめて有効な攻撃手段である。だが、水攻めは、火攻めと違って、敵の補給を絶つだけにとどまり、敵がすでに蓄えている物資に損害を与えるまでには至らない。

■中国の戦史には火攻めの例は多いが、水を積極的に利用した水攻めの例はあまりない。「水」といっても、中国の場合は、日本とはスケールが違うので、おいそれとは利用できなかったのかもしれない。

故《ゆえ》に火《ひ》を以《も》って攻《こう》を佐《たす》くる者《もの》は明《めい》なり。水《みず》を以《も》って攻《こう》を佐《たす》くる者《もの》は強《きょう》なり。水《みず》は以《も》って絶《た》つべく、以《も》って奪《うば》うべからず。

故以火佐攻者明。以水佐攻者強。水可以絶、不可以奪。

【四】利に合《がっ》して動き、利に合《がっ》せずして止《や》む

敵を攻め破り、敵城を奪取しても、戦争目的を達成できなければ、結果は失敗である。これを「費留《ひりゅう》」――骨折り損のくたびれ儲けという。それ故、名君名将はつねに慎重な態度で戦争目的の達成につとめる。かれらは、有利な情況、必勝の態勢でなければ、作戦行動を起こさず、万やむをえざる場合でなければ、軍事行動に乗り出さない。

およそ王たる者、将たる者は怒りにまかせて軍事行動を起こしてはならぬ。情況が有利であれば行動を起こし、不利とみたら中止すべきである。怒りは、時がたてば喜びにも変わるだろう。だが、国は亡んでしまえばそれでおしまいであり、人は死んでしまえば二度と生きかえらないのだ。

それ故、名君名将はいやがうえにも慎重な態度で戦争に臨む。そうあってこそ、国の安全が保障され、軍の威力が発揮されるのである。

■**怒りのコントロール**　怒りは人間行動における重要なモチーフの一つである。根底に怒りを秘めていればこそ、行動に迫力が生じてくるとも言えよう。しかしむき出しの怒りは往々にして墓穴を掘る。前後の見さかいもなく直線的に行動へ突っ走るからである。それでも個人の場合はまだいい。組織をあずかっている場合、そのマイナスは全員におよぶ。リーダーの重要な欠格条項と言ってよい。怒りはコントロールされたものであってこそ、力を発揮する。兵法書の『尉繚子《うつりょうし》』にも、こうある。

「一時の感情にまかせて戦争に突っ走ることは、厳に慎まなければならない。冷静に状況を判断して、勝算われにありと見極めれば起ち、利あらずと見れば退く心構えが肝要である」（兵談篇）

それ戦勝《せんしょう》攻取《こうしゅ》してその功《こう》を修《おさ》めざるは凶《きょう》なり。命《な》づけて費留《ひりゅう》と曰《い》う。故《ゆえ》に曰《いわ》く、明主《めいしゅ》はこれを慮《おもんばか》り、良将《りょうしょう》はこれを修《おさ》む。利《り》に非《あら》ざれば動《うご》かず、得《う》るに非《あら》ざれば用《もち》いず、危《あや》うきに非《あら》ざれば戦《たたか》わず。主《しゅ》は怒《いか》りを以《も》って師《し》を興《おこ》すべからず、将《しょう》は慍《いきどお》りを以《も》って戦《たたか》いを致《いた》すべからず。利《り》に合《がっ》して動《うご》き、利《り》に合《がっ》せずして止《や》む。怒《いか》りは以《も》って復《ま》た喜《よろこ》ぶべく、慍《いきどお》りは以《も》って復《ま》た悦《よろこ》ぶべきも、亡国《ぼうこく》は以《も》って復《ま》た存《そん》すべからず、死者《ししゃ》は以《も》って復《ま》た生《い》くべからず。故《ゆえ》に明主《めいしゅ》はこれを慎《つつし》み、良将《りょうしょう》はこれを警《いまし》む。これ国《くに》を安《やす》んじ軍《ぐん》を全《まっと》うするの道《みち》なり。

夫戦勝攻取、而不修其功者、凶。命曰費留。故曰明主慮之、良将修之。非利不動、非得不用、非危不戰。主不可以怒而興師、将不可以慍而致戰。合於利而動、不合於利而止。怒可以復喜、慍可以復悦、亡国不可以復存、死者不可以復生。故明主慎之、良将警之。此安国全軍之道也。

戦国時代の彩色絵。
舞いをする人、狩りをする人、矢を射る人など

【第十三】用《よう》間《かん》篇

「爵禄百金《しゃくろくひゃっきん》を愛《おし》みて敵《てき》の情《じょう》を知《し》らざる者《もの》は、
不仁《ふじん》の至《いた》りなり」
「明君賢将《めいくんけんしょう》の動《うご》きて人《ひと》に勝《か》ち、
成功《せいこう》、衆《しゅう》に出《い》づる所以《ゆえん》のものは、先知《せんち》なり」
「間《かん》を用《もち》うるに五《ご》あり。郷間《きょうかん》あり、内間《ないかん》あり、反間《はんかん》あり、
死間《しかん》あり、生間《せいかん》あり」
「三軍《さんぐん》の事《こと》、間《かん》より親《した》しきはなく、賞《しょう》は間《かん》より厚《あつ》きはなく、
事《こと》は間《かん》より密《みつ》なるはなし」
「聖智《せいち》に非《あら》ざれば間《かん》を用《もち》うること能《あた》わず。
仁義《じんぎ》に非《あら》ざれば間《かん》を使《つか》うこと能《あた》わず」
「明君賢将《めいくんけんしょう》のみ能《よ》く上智《じょうち》を以《も》って間《かん》となす者《もの》にして、
必《かなら》ず大功《たいこう》を成《な》す」

勝敗の鍵を握るのは、情報である。名将がはなばなしい成功を収めるのは、相手に先んじて敵情を探り出すからである。情報の収集に金を出し惜しんではならない。情報の収集は情報員の働きに待つところが大きい。だから、情報活動には有能な人材を登用し、しかも、厚く処遇する必要がある。ただし、情報活動はつねに秘密にしておかなければならない。こちらの意図を察知されたのでは、せっかくの効果も半減してしまう。

【二】敵の情を知らざる者は

十万もの大軍を動員して千里のかなたまで遠征すれば、政府ならびに国民は、一日に千金もの戦費を負担しなければならない。こうなると、国中があげて戦争に巻きこまれる。人民は牛馬のように戦争にかり出され、耕作を放棄せざるをえなくなる農家が七十万戸にも達するであろう。

こうして戦争は数年も続く。しかも、最後の勝利はたった一日で決するのである。それなのに、爵禄《しゃくろく》や金銭を出し惜しんで、敵側の情報収集を怠るのは、バカげた話だ。これでは、将帥としての資格がないし、君主の補佐役もつとまるまい。また、勝利を収めることもかなうまい。

明君賢将が、戦えば必ず敵を破ってはなばなしい成功を収めるのは、相手に先んじて敵情を探り出すからである。しかもかれらは、神に祈ったり、経験にたよったり、星を占ったりして探り出すわけではない。あくまでも人間を使って探り出すのである。

■用間《ようかん》の「間」とは、すなわちスパイである。したがって用間とは諜報活動、謀略活動を指している。スパイとか謀略活動と言うと、とかく陰惨なイメージがつきまとい、あまり好感をもっては迎えられない。しかし『孫子』はその重要性を認め、「爵禄百金を愛《おし》みて敵の情を知らざる者は不仁の至りなり」と断言する。すでに見てきたように、『孫子』は、「戦争はやむなく行なうものであるが、始めたら勝たなければならない」「勝つためには敵を知り己を知らなければならない」と考える。そういう『孫子』からみれば、間者《かんじゃ》の働き

を否定するのは「不仁の至り」であり、感傷以外のなにものでもない。戦争指導者としての冷徹な眼がここにも光っているのである。

孫子《そんし》曰《いわ》く、およそ師《し》を興《おこ》すこと十万《じゅうまん》、出征《しゅっせい》すること千里《せんり》なれば、百姓《ひゃくせい》の費《つい》え*、公家《こうか》の奉《ほう》、日《ひ》に千金《せんきん》を費《つい》やし、内外騒動《ないがいそうどう》し、道路《どうろ》に怠《おこた》り、事《こと》を操《と》るを得《え》ざる者七十万家《ものしちじゅうまんか》。相守《あいまも》ること数年《すうねん》、以《も》って一日《いちにち》の勝《しょう》を争《あらそ》う。而《しか》るに爵禄百金《しゃくろくひゃっきん》を愛《おし》みて敵《てき》の情《じょう》を知《し》らざる者《もの》は、不仁《ふじん》の至《いた》りなり。人《ひと》の将《しょう》に非《あら》ざるなり。主《しゅ》の佐《さ》に非《あら》ざるなり。勝《しょう》の主《しゅ》に非《あら》ざるなり。故《ゆえ》に明君賢将《めいくんけんしょう》の動《うご》きて人《ひと》に勝《か》ち、成功《せいこう》、衆《しゅう》に出《い》づる所以《ゆえん》のものは、先知《せんち》なり。先知《せんち》は、鬼神《きじん》に取《と》る*べからず。事《こと》に象《かたど》る*べからず、度《ど》に験《けみ》す*べからず。必《かなら》ず人《ひと》に取《と》りて敵《てき》の情《じょう》を知《し》る者《もの》なり。

孫子曰、凡興師十万、出征千里、百姓之費、公家之奉、日費千金、内外騒動、怠於道路、不得操事者、七十万家。相守数年、以争一日之勝。而愛爵禄百金、不知敵之情者、不仁之至也。非人之将也。非主之佐也。非勝之主也。故明君賢将、所以動而勝人、成功出於衆者、先知也。先知者、不可取於鬼神。不可象於事、不可験於度。必取於人、知敵之情者也。

【二】五種類の間者

敵の情報を探り出すのは間者の働きによるが、間者には五種類の間者がある。すなわち、郷間《きょうかん》、

***百姓の費え**　国民の出費。百姓は人民、国民の意。

***鬼神に取る**　鬼神のお告げに頼る。

***事に象る**　過去の経験から類推する。

***度に験す**　天文暦数によって占う。

内間《ないかん》、反間《はんかん》、死間《しかん》、生間《せいかん》である。これらの間者を、敵に気づかれないように使いこなすのは最高の技術であって、君主たる者の宝とすべきことだ。

さて、次の五種類の間者について説明しよう。

郷間――敵国の領民を使って情報を集める。

内間――敵国の役人を買収して情報を集める。

反間――敵の間者を手なずけて逆用する。

死間――死を覚悟のうえで敵国に潜入し、ニセの情報を流す。

生間――敵国から生還して情報をもたらす。

■始皇帝の間者たち　秦の始皇帝は初めて中国全土を統一した皇帝として知られている。かれが対抗する六カ国を次々に滅ぼして天下の統一に成功したのは、当時、最強を誇った始皇帝軍団の働きによるものであったが、そのかげに間者たちの活躍があったことは、あまり知られていない。当時、秦ほど間者の働きを重視した国はないのである。三つほど例をあげてみよう。

（その㈠）魏《ぎ》の将軍に信陵君《しんりょうくん》という人物がいた。安釐《あんき》王の異母弟で王族の一員であったが、国際政治家としてもすぐれた技量の持ち主で、五カ国の連合軍を結集して秦軍を破り、秦の勢力を函谷関以西に釘づけにしてしまった。東方経略に乗り出した秦にとっては、目の上のたんこぶのような存在である。そこで秦は魏の上層部に大量の工作資金をばらまいて信陵君の反対派を買収し、安釐王にこう吹きこませた。

「今や天下の諸侯は、魏に信陵君あるを知って魏王のあるを知りません。信陵君もそれをよいことに、ひそかに王位をねらっているとか。くれぐれもご注意ください」

また秦はしばしば間者を信陵君のもとに送って、わざと、

「公子におかれては、すでに王位におつきになったことと思いますが……。まことにおめでとうございます」

と、早てまわしに祝意を表させた。噂は安釐王の耳にもとどくはずだとの読みである。はたして王は疑心暗鬼にかられて信陵君を解任した。以後、信陵君は酒におぼれ、四年後、アルコール中毒で死んだ。秦は労せずして目の上のたんこぶを葬り去ったのである。

（その㈡）やはりその頃、趙《ちょう》に李牧《りぼく》という名将がいた。前二二九年、秦が大軍を動員して趙に攻めこんだとき、防衛軍の総司令官に起用されたのがこの李牧である。秦はこれまでも李牧にさんざん手痛い目に遭わされている。趙をたたきつぶすには、まず李牧を始末しなければならない。

そこで秦は、趙王の寵臣郭開《かくかい》に多額の金を贈って買収し、「李牧が謀反を企んでいる」と、王に吹きこませた。まに受けた趙王は、李牧をとらえて誅殺した。間もなく秦はやすやすと趙軍を撃破し、趙を滅亡に追いやったのである。

（その㈢）斉《せい》に対する謀略工作はさらに徹底したものであった。そのころ、斉では后勝《こうしょう》という者が宰相に任命されていた。秦はこの后勝に目をつけ、やはり多額の金を贈って買収したのである。后勝は秦の要請を受け入れ、自分の部下や賓客たちを大勢秦に送りこんだ。

秦はかれらにも多額の金を与え、秦の反間として斉に送りかえした。秦の意を受けたかれらは帰国後、口をそろえて戦争準備の中止を斉王に迫った。のちに秦軍が斉の都臨淄《りんし》に迫ったとき、斉の人民は一人として抵抗する者がなかったという。反間たちの活躍で、国中がすっかり骨抜きにされて、抵抗の意志を失っていたのである。

故《ゆえ》に間《かん》を用《もち》うるに五《ご》あり。郷間《きょうかん》あり、内間《ないかん》あり、反間《はんかん》あり、死間《しかん》あり、生間《せいかん》あり。五間倶《ごかんとも》に起《お》こりて、その道《みち》を知《し》ることとなし。これを神紀《しんき》*と謂《い》う。人君《じんくん》の宝《たから》なり。郷間《きょうかん》とは、その郷人《きょうじん》に因《よ》りてこれを用《もち》うるなり。内間《ないかん》とは、その官人《かんじん》に因《よ》りてこれを用《もち》うるなり。反間《はんかん》とは、その敵《てき》の間《かん》に因《よ》りてこれを用《もち》うるなり。死間《しかん》とは、誑事《きょうじ》*を外《そと》に為《な》し、吾《わ》が間《かん》をしてこれを知《し》らしめて、敵《てき》の間《かん》に伝《つた》うるなり。生間《せいかん》とは、反《かえ》り報《ほう》ずるなり。

故用間有五。有郷間、有内間、有反間、有死間、有生間。五間倶起、莫知其道。是謂神紀。人君之宝也。郷間者、因其郷人而用之。内間者、因其官人而用之。反間者、因其敵間而用之。死間者、為誑事於外、令吾間知之、而伝於敵間也。生間者、反報也。

【三】事《こと》は間《かん》より密なるはなし

間者には、全軍のなかで最も信頼のおける人物をえらび、最高の待遇を与えなければならない。

***神紀**　測り知ることのできない霊妙なやり方。

***誑事**　いつわりごと。

しかもその活動は極秘にしておく必要がある。

間者を使う側は、すぐれた知恵と人格とをそなえた人物でなければ、十分に使いこなせない。加えるに、きめこまかな配慮があって、はじめて実効をあげることができるのである。なんと微妙なことよ。いついかなる場合でも、間者の働きを無視することは許されないのだ。

間者が極秘事項を外にもらした場合は、もらした間者はもちろん、情報の提供を受けた者も殺してしまわなければならない。

■現在、情報・謀略活動はいよいよ花盛りであり、宇宙からまで謀略の目が光っている。反面、CIAやFBIの活動が行き過ぎだとしてしばしば非難の対象となる。孫武がもし現代に生きていたら、かれらのドジ加減を「なんとトンマなことよ」と笑うにちがいない。情報・謀略活動はあくまでも極秘にしておかなければならないというのが、かれの認識である。かれがもしCIAやFBIの活動について批判を加えるとすれば、管理体制（コントロール・システム）の不備についてであろう。なぜならかれは、「すぐれた知恵と人格をそなえた人物でなければ、間者を十分に使いこなすことができない」と考えていたからである。

故《ゆえ》に三軍《さんぐん》の事《こと》、間《かん》より親《した》しきはなく、賞《しょう》は間《かん》より厚《あつ》きはなく、事《こと》は間《かん》より密《みつ》なるはなし。聖智《せいち》に非《あら》ざれば間《かん》を用《もち》うること能《あた》わず。仁義《じんぎ》に非《あら》ざれば間《かん》を使《つか》うこと能《あた》わず。微妙《びみょう》に非《あら》ざれば間《かん》の実《じつ》を得《う》ること能《あた》わず。微《び》なるかな微《び》なるかな、間《かん》を用《もち》いざる所《ところ》なし。間事《かんじ》いまだ発《はっ》せずして先《ま》ず聞《き》こゆれば、間《かん》と告《つ》ぐる所《ところ》の者《もの》とは、皆《みな》死《し》す。

故三軍之事、莫親於間、賞莫厚於間、事莫密於間。非聖智不能用間。非仁義不能使間。非微妙不能得間之実。微哉微哉、無所不用間也。間事未発而先聞者、間与所告者、皆死。

【四】反間《はんかん》は厚くせざるべからず

敵軍に攻撃をかけようとするとき、あるいは敵城を奪取しようとするとき、または敵兵を撃滅しようとするときには、まず敵の守備隊の指揮官、側近、取次ぎ、門番、従者などの姓名を調べ、間者に命じてその動静を探索させなければならない。

敵の間者が潜入してきたら、これを探し出して買収し、逆に「反間」として敵地に送りこむ。この「反間」の働きによって、敵の住民や役人をだきこみ、「郷間」「内間」とする。そのうえで「死間」を送りこんでニセの情報を流す。こうなれば、「生間」も計画どおり任務を達成することができる。

君主は、この五種類の間者の使い方を十分に心得ておかなければならない。これらのうち最も重要なのが「反間」であるから、その待遇はとくに厚くしなければならない。

■日本敗れたり 太平洋戦争のとき、多くの日本人は神だのみと竹槍によって勝てると信じていた。これに対してアメリカは、開戦まえから莫大な資金を投じて日本に関する情報を集めていたという。たとえば、当時のアメリカ海軍情報部にJ2という課があり、日本で発行されていた新聞、雑誌、定期刊行物をすべて集めて分析していたばかりでなく、日本で発する電波までことごとくキャッチして分析していた。その結果かれらは、日本のあらゆる産業に関する統計はもちろん、日本海軍の何という軍艦の艦長は何のだれそれで、その性格はどうか、はては尉官クラスの勤務場所や任務まですべて調べあげていたという。
こういう点から見ても、日本の敗北は当然の帰結であったと言えよう。

およそ軍《ぐん》の撃《う》たんと欲《ほっ》する所《ところ》、城《しろ》の攻《せ》めんと欲《ほっ》する所《ところ》、人《ひと》の殺《ころ》さんと欲《ほっ》する所《ところ》は、必《かなら》ず先《ま》ずその守将《しゅしょう》、左右《さゆう》、謁者《えつしゃ》、門者《もんじゃ》、舎人《しゃじん》の姓名《せいめい》を知《し》り、吾《わ》が間《かん》をして必《かなら》ずこれを索知《さくち》せしむ。必《かなら》ず敵人《てきじん》の間《かん》の来《き》たりて我《われ》を間《かん》する者《もの》を索《もと》め、因《よ》ってこれを利《り》し、導《みちび》きてこれを舎《しゃ》す。故《ゆえ》に反間《はんかん》は得《え》て用《もち》うべきなり。これに因《よ》ってこれを知《し》る。故《ゆえ》に郷間《きょうかん》、内間《ないかん》は得《え》て使《つか》うべきなり。これに因《よ》ってこれを知《し》る。故《ゆえ》に死間《しかん》は誑事《きょうじ》を為《な》して敵《てき》に告《つ》げしむべし。これに因《よ》ってこれを知《し》る。故《ゆえ》に生間《せいかん》は期《き》の如《ごと》くならしむべし。五間《ごかん》の事《こと》、主必《しゅかなら》ずこれを知《し》る。これを知《し》るは必《かなら》ず反間《はんかん》に在《あ》り。故《ゆえ》に反間《はんかん》は厚《あつ》くせざるべからざるなり。

凡軍之所欲撃、城之所欲攻、人之所欲殺、必先知其守将、左右、謁者、門者、舎人之姓名、令吾間必索知之。必索敵人之間来間我者、因而利之、導而舎之。故反間可得而用也。因是而知之。故郷間内間、可得而使也。因是而知之。故死間為誑事、可使告敵。因是而知之。故生間可使如期。

五間之事、主必知之。知之必在於反間。故反間不可不厚也。

【五】上智《じょうち》を以って間となす

むかし、殷《いん》王朝が夏《か》王朝を滅ぼして天下を統一したとき、夏の事情に通じている伊尹《いいん》を宰相に登用して功業を成しとげた。また、周王朝が殷王朝を滅ぼして天下を手中におさめたときにも、殷の事情にくわしい呂尚《りょしょう》を宰相に起用して功業を成しとげている。

このように明君賢将のみがすぐれた知謀の持主を間者に起用して大きな成功を収めるのである。これこそ用兵の要《かなめ》であり、全軍の拠り所なのだ。

■人材のスカウト　伊尹は殷の始祖湯《とう》王に仕えた人物、呂尚（太公望）は周の始祖文《ぶん》王に仕えた人物で、ともに賢宰相と称された。伊尹はもと夏にいたことがあり、呂尚もかつて殷の地にいたことがあると伝えられるが、ただし、いずれも間者として働いたという記録は残っていない。しかし、湯王にしても文王にしても、このような賢人をスカウトして補佐役に据えることによって王業の基をきずいたことは確かである。

企業にしても、新しい分野に進出をはかるようなときは、社内で十分な準備をととのえることはもちろんであるが、その分野に熟達した人物を参謀に迎えて、より万全の態勢をとるべきなのかもしれない。そのための金は惜しむな、と孫子は言っているのである。

昔《むかし》、殷《いん》の興《おこ》るや、伊摯《いし》*、夏《か》に在《あ》り。周《しゅう》の興《おこ》るや、呂牙《りょが》*、殷《いん》に在《あ》り。故《ゆえ》にただ明君賢将《めいくんけんしょう》のみ能《よ》く上智《じょうち》を以《も》って間《かん》となす者《もの》にして、必《かなら》ず大功《たいこう》を成《な》す。これ兵《へい》の要《かなめ》にして、三軍《さんぐん》の恃《たの》みて動《うご》く所《ところ》なり。

昔殷之興也、伊摯在夏。周之興也、呂牙在殷。故惟明君賢将、能以上智為間者、必成大功。此兵之要、三軍之所恃而動也。

***伊摯** 殷の湯王に仕えた名補佐役伊尹のこと。摯はその名。

***呂牙** 周王朝の創立に貢献した太公望呂尚のこと。字は子牙。

呉子

古代から唐代までの甲冑の変遷

【第二】図《と》国《こく》篇

「見《けん》を以《も》って隠《いん》を占《うらな》い、往《おう》を以《も》って来《らい》を察《さつ》す」
「明主《めいしゅ》はここに鑒《かんが》み、内《うち》に文徳《ぶんとく》を修《おさ》め、外《そと》に武備《ぶび》を治《おさ》む」
「まさにその民《たみ》を用《もち》いんとするや、先《ま》ず和《わ》して
而《しか》る後《のち》に大事《だいじ》を造《な》す」
「これを綏《やす》んずるに道《みち》を以《も》ってし、これを理《おさ》むるに
義《ぎ》を以《も》ってし、これを動《うご》かすに礼《れい》を以《も》ってし、
これを撫《ぶ》するに仁《じん》を以《も》ってす」
「戦《たたか》いて勝《か》つは易《やす》く、勝《か》つことを守《まも》るは難《かた》し」
「しばしば勝《か》ちて天下《てんか》を得《う》る者《もの》は稀《まれ》に、
以《も》って亡《ほろ》ぶる者《もの》は衆《おお》し」
「よくその師《し》を得《う》る者《もの》は王《おう》たり、
よくその友《とも》を得《う》る者《もの》は覇《は》たり」

軍事を無視しては国の存立をはかることができない。しかし、軍事に偏重し、好んで事を構えるのは、国を滅ぼすもとである。国内政治の安定こそ、優先事だ。

【二】呉起《ごき》、魏《ぎ》の文《ぶん》侯に仕《つか》える

呉起は、儒者《じゅしゃ》の衣服をまとい、兵法論をもって、魏の文侯に面会を求めた。文侯が、

「あいにくだが、わしは、戦争など好かんでな」

と、肩すかしを食わそうとしたところ、呉起は、こう言って切りかえした。

「わたくしは、表に現われた現象をもって内に隠された真実を推察し、過去の事実によって未来の出来事を洞察します。王よ、何故に心にもないことばを口にされるのか。

ならば、ひとつ伺いたい。いま王は、職人たちに何を作らせておられるか。職人たちは、来る日も来る日も、せっせと獣の皮をはいで朱の漆《うるし》をぬりつけ、さらに、その上に赤や青の彩色をほどこし、おどろおどろしい猛獣の絵を画いているではありませんか。こんなものを着たところで、冬は寒さを防ぐことができないし、夏は暑さを避けることができません。

また、長さ二丈四尺、短いものでも一丈二尺もの戟《げき》をつくり、そのうえ頑丈で装備のととのった兵車まで作っておられる。見た目にもよいとはいえないし、乗って狩りに出かけたとしても乗り心地がいいとは言えません。王よ、いったいこれを何に使うおつもりか。一旦緩急のさいに備えているとおっしゃるなら、これを使いこなす者がいなければ、ものの役には立ちますまい。それはちょうど、ひなをかかえた雌鶏《めんどり》が猫に立ち向かい、子持ちの雌犬が虎に抵抗するようなもの、闘志だけは盛んでも、たちまち嚙み殺されてしまいましょう。

むかし、承桑《しょうそう》氏は内政だけを重んじて軍事をおろそかにしたが故に、国を滅ぼしました。また、有扈《ゆうこ》氏は逆に軍事にたよりすぎた結果、やはり国を滅ぼしました。それ故、明君はかれらの失敗に学び、内に向かっては内政をととのえ、外に対しては軍事を強化するのです。敵を前にして戦おうとしないのは〝義〟とは言えません。敵に殺された人民の屍に哀悼の意を表したところで〝仁〟とは言えません」

呉起のことばに深く肯いた文侯は、みずから席を設け、夫人に酒をすすめさせて歓待した。そして祖先の廟《みたまや》に報告したうえ、呉起を将軍に任命した。

以来、呉起は要衝の地・西河《せいが》を守って諸侯と戦い、おもな会戦だけでも七十六回、うち六十四回は完勝、他はすべて引き分けというめざましい実績をあげた。魏が千里四方も領土を拡張できたのは、すべて呉起の功績である。

■文武両全の思想　呉起は、心にもなく平和主義者をよそおう文侯に対して、軍事の重要性を力説する。だが、かれは軍事万能主義者ではない。ここでは、事のなりゆき上、軍事に力点がおかれているが、説かれている内容は、政治と軍事の二本柱を強調する「文武両全」の考え方である。政治第一、軍事第二、さらに言えば、政治の延長線上に軍事があるというのが、呉起の基本認識であった。

呉起《ごき》、儒服《じゅふく》し、兵機《へいき》を以《も》って魏《ぎ》の文侯《ぶんこう》に見《まみ》ゆ。文侯曰《ぶんこういわ》く、「寡人《かじん》*、軍旅《ぐんりょ》の事《こと》を好《この》まず」

起曰《きいわ》く、「臣《しん》、見《けん》を以《も》って隠《いん》を占《うらな》い、往《おう》を以《も》って来《らい》を察《さつ》す。主君何《しゅくんなん》ぞ言《げん》と心《こころ》と違《たが》える。今《いま》、君《きみ》、

＊**寡人**　徳の寡い人の意で、君主の謙称。

四時《しじ》に皮革《ひかく》を斬離《ざんり》し、掩《おお》うに朱漆《しゅしつ》を以《も》ってし、画《えが》くに丹青《たんせい》を以《も》ってし、爍《かがや》かすに犀象《さいぞう》を以《も》ってせしむ。冬日《とうじつ》にこれを衣《き》れば則《すなわ》ち温《あたた》かならず、夏日《かじつ》にこれを衣《き》れば、則《すなわ》ち涼《すず》しからず。長戟《ちょうげき》*の二丈《にじょう》四尺《ししゃく》*なる、短戟《たんげき》の一丈二尺《いちじょうにしゃく》なる、革車《かくしゃ》、戸《と》を掩《おお》い、縵輪籠轂《まんりんろうこく》*なり。これを目《め》に観《み》れば則《すなわ》ち麗《うつく》しからず、これに乗《の》りて以《も》って田《でん》すれば則《すなわ》ち軽《かる》からず。識《し》らず、主君《しゅくん》、安《いずく》にかこれを用《もち》うる。若《も》し以《も》って進戦退守《しんせんたいしゅ》に備《そな》えて而《しか》も能《よ》く用《もち》うる者《もの》を求《もと》めざれば、譬《たと》えばなお伏鶏《ふくけい》の狸《り》を搏《う》ち、乳犬《にゅうけん》の虎《とら》を犯《おか》すがごとく、闘心《とうしん》ありと雖《いえど》も、これに随《したが》いて死《し》せん。昔《むかし》、承桑氏《しょうそうし》*の君《きみ》は、徳《とく》を修《おさ》め武《ぶ》を廃《はい》し、以《も》ってその国家《こっか》を滅《ほろぼ》せり。有扈氏《ゆうこし》*の君《きみ》は、衆《しゅう》を恃《たの》み勇《ゆう》を好《この》み、以《も》ってその社稷《しゃしょく》*を喪《うしな》えり。明主《めいしゅ》はここに鑒《かんが》み、内《うち》に文徳《ぶんとく》を修《おさ》め、外《そと》に武備《ぶび》を治《おさ》む。故《ゆえ》に、敵《てき》に当《あた》りて進《すす》まざるは義《ぎ》に逮《およ》ぶなく、僵屍《きょうし》してこれを哀《かな》しむは、仁《じん》に逮《およ》ぶなし」

ここにおいて文侯《ぶんこう》、身自《みみずか》ら席《せき》を布《し》き、夫人《ふじん》、觴《さかずき》を捧《ささ》げ、呉起《ごき》を廟《びょう》に醮《すす》め、立《た》てて大将《たいしょう》となし、西河《せいが》*を守《まも》らしむ。諸侯《しょこう》と大《おお》いに戦《たたか》うこと七十六《しちじゅうろく》たび、全《まった》く勝《か》つこと六十四《ろくじゅうよん》たび、余《よ》は則《すなわ》ち均《ひとし》く解《と》く。土《ど》を四面《しめん》に闢《ひら》き、地《ち》を千里《せんり》に拓《ひら》く。皆起《みなき》の功《こう》なり。

呉起儒服、以兵機見魏文侯。文侯曰、寡人不好軍旅之事。起曰、臣以見占隠、以往察来。主君何言与心違。今君四時使斬離皮革、掩以朱漆、画以丹青、爍以犀象。冬日衣之則不温、夏日衣之則不涼。為長戟二丈四尺、為短戟一丈二尺、革車掩戸、縵輪籠轂。観之於目則不麗、乗之以田則不軽。不識主君安用此也。若以備進戦退守而不求能用者、譬猶伏鶏之搏狸、乳犬之犯虎、雖有闘心、随之死矣。昔承桑氏之君修徳廃武、以滅其国家。有扈氏之君恃衆好勇、以喪其社稷。明主鑒茲、

***戟**　矛《ほこ》と戈《か》の二つの機能を併せもった武器。すなわち、矛先の下に鉤《かぎ》（戈）がついていて、殺傷力が高い。

***丈、尺**　一丈は今の約二メートル。尺は丈の十分の一。

***縵輪籠轂**　兵車の車輪と車軸（轂）を皮革で包んで保護したもの。だから「革車」と呼ばれた。

***承桑氏**　古代、諸侯の国。

***有扈氏**　古代、諸侯の国。

***社稷**　社は土地の神、稷は穀物の神。諸侯の国は必ずこれを祭ったので、転じて国家を指す。

内修文徳、外治武備。故当敵而不進、無逮於義矣、僵屍而哀之、無逮於仁矣。
於是文侯、身自布席、夫人捧觴、醮呉起於廟、立為大将、守西河。与諸侯大戦七十六、全勝六十四、余則均解。開土四面、拓地千里。皆起之功也。

*西河　魏領の西部、秦と境を接する要衝の地。河の名でもある。

【二】まず団結を考えよ

古来、君主たる者は、まず第一に臣下を教育し、人民の団結をかちとることにつとめた。団結を乱す不和に、四つの場合がある。すなわち、国の不和、軍の不和、部隊の不和、戦闘における不和の四つがそれだ。国に団結がなければ、軍を出動させるべきではない。軍に団結がなければ、部隊を出撃させるべきではない。部隊に団結がなければ、進撃させるべきではない。戦闘にさいして団結がなければ、決戦に出るべきではない。

それ故、賢明な君主は、人民を動員するときにはまず団結をはかり、そのうえで決断を下す。また、自分の判断だけにたよらず、必ず祖先の霊前に報告し、亀甲《きっこう》をもって吉凶を占い、さらに天の時を勘案したうえ、すべてが吉と出たところで、はじめて出兵に踏みきるのだ。

君主がこのような慎重な態度で臨めば、人民のほうも、自分たちの命がこれほどまでに大事にされていると感激し、戦争に赴いても、進んで死ぬことを光栄とし、退いて生き残ることを恥辱と考えるにちがいない。

——**■先ず和して而《しか》る後に大事を造《な》す**　呉起の言う「和」とは、平穏無事を願う、たんなる事なかれ主義ではない。大事をなす前提としての「和」である。これがあって、初めて組織としての集中力が発揮される。

呉子《ごし》曰《いわ》く、昔《むかし》の国家《こっか》を図《はか》る者《もの》は、必《かなら》ず先《ま》ず百姓《ひゃくせい》*を教《おし》え、而《しか》して万民《ばんみん》を親《した》しむ。四《よ》つの不和《ふわ》あり。国《くに》に和《わ》せざれば、以《も》って軍《ぐん》を出《いだ》すべからず。軍《ぐん》に和《わ》せざれば、以《も》って出《い》でて陣《じん》すべからず。陣《じん》に和《わ》せざれば、以《も》って進《すす》み戦《たたか》うべからず。戦《たたか》いに和《わ》せざれば、以《も》って勝《か》ちを決《けっ》すべからず。ここを以《も》って有道《ゆうどう》の主《しゅ》は、まさにその民《たみ》を用《もち》いんとするや、先《ま》ず和《わ》して而《しか》る後《のち》に大事《だいじ》を造《な》す。敢《あえ》てその私謀《しぼう》を信《しん》ぜず、必《かなら》ず祖廟《そびょう》に告《つ》げ、元亀《げんき》*を啓《ひら》き、これを天時《てんじ》に参《さん》じ、吉《きつ》にしてすなわち後《のち》に挙《あ》ぐ。民《たみ》、君《きみ》のその命《いのち》を愛《おし》み、その死《し》を惜《お》しむこと、かくの若《ごと》く至《いた》れることを知《し》りて、これと難《なん》に臨《のぞ》めば、則《すなわ》ち士《し》、進《すす》みて死《し》するを以《も》って栄《ほまれ》となし、退《しりぞ》いて生《い》くるを辱《はじ》となさん。

呉子曰、昔之図国家者、必先教百姓、而親万民。有四不和。不和於国、不可以出軍。不和於軍、不可以出陣。不和於陣、不可以進戦。不和於戦、不可以決勝。是以有道之主、将用其民、先和而後造大事。不敢信其私謀、必告於祖廟、啓於元亀、参之天時、吉乃後挙。民知君之愛其命、惜其死、若此之至、而与之臨難、則士以進死為栄、退生為辱矣。

＊百姓　「ひゃくせい」と読ませて、広く人民を指す。農民も含まれるが、それだけではない。

＊元亀　大きな亀。甲を焼き、その割れ目で吉凶を占った。

【三】道を守り、義を行なえ

君主は、道、義、礼、仁の四つの徳を守らなければならない。道を守れば、根本にたちかえり、原点にたちもどることができる。義に則《のっと》れば、大事をなしとげ、功績をあげることができる。礼をふめば、損害を免れ、利益を得ることができる。仁を行なえば、業績を維持し、成果を守ることができる。

高い地位、貴い身分にありながら、もしその行動が道にそむき義に反しているならば、必ず身を滅ぼし、国を失う結果となる。それ故、聖人は、道をもって天下を安んじ、義をもって人民を治め、礼をもって人民を動かし、仁をもって人民をいつくしんだ。この四つの徳を守れば国は興隆し、守らなければ滅亡する。

むかし、殷《いん》の湯《とう》王が夏《か》の暴君桀《けつ》を討伐したとき、夏の人民でさえもそれを喜んだ。周《しゅう》の武王が殷の暴君紂《ちゅう》を討伐したときは、殷の人民でさえもそれを容認した。なぜか。ほかでもない、湯王や武王のしたことが天の意志と、人民の願いに合致していたからである。

■トップの条件　呉起の説く道、義、礼、仁の四つの徳は、トップの条件として、読みとることもできよう。ちなみに『管子』（春秋時代の名宰相管仲《かんちゅう》の政治経済論をまとめた書）は、治世の要諦として、礼、義、廉、恥の四つの徳をあげている。

「国家は四本の綱によって維持されている。四本のうち一本が切れると安定を欠く。二本切れると危機に瀕する。三本切れると転覆する。……四本とも切れると滅亡してしまう。四本の綱とは何か。礼、義、廉、恥の四つの徳がそれだ」（牧民篇）

呉子曰《ごしいわ》く、それ道《みち》は、本《もと》に反《かえ》り始《はじ》めに復《かえ》る所以《ゆえん》なり。義《ぎ》は、事《こと》を行《おこ》ない功《こう》を立《た》つる所以《ゆえん》なり。礼《れい》は、害《がい》を違《さ》け利《り》に就《つ》く所以《ゆえん》なり。仁《じん》は、業《ぎょう》を保《たも》ち成《な》るを守《まも》る所以《ゆえん》なり。若《も》し行《おこ》ない道《みち》に合《あ》わず、挙《きょ》、義《ぎ》に合《あ》わずして、大《だい》に処《お》り貴《き》に居《お》らば、患《うれ》い必《かなら》ずこれに及《およ》ぶ。ここを以《も》って聖人《せいじん》は、これを綏《やす》んずるに道《みち》を以《も》ってし、これを理《おさ》むるに義《ぎ》を以《も》ってし、これを動《うご》かすに礼《れい》を以《も》ってし、これを撫《ぶ》するに仁《じん》を以《も》ってす。この四徳《しとく》は、これを修《おさ》むれば則《すなわ》ち興《おこ》り、これを廃《はい》すれば則《すなわ》ち衰《おとろ》う。故《ゆえ》に成湯《せいとう》*、桀《けつ》*を討《う》ちて、夏《か》の民喜説《たみきえつ》し、周武《しゅうぶ》*、紂《ちゅう》*を伐《う》ちて、殷人《いんひと》非《ひ》とせず。挙《きょ》、天人《てんじん》に順《したが》う。故《ゆえ》に能《よ》く然《しか》るなり。

呉子曰、夫道者所以反本復始。義者所以行事立功。礼者所以違害就利。仁者所以保業守成。若行不合道、挙不合義、而処大居貴、患必及之。是以聖人綏之以道、理之以義、動之以礼、撫之以仁。此四徳者、修之則興、廃之則衰。故成湯討桀、而夏民喜説、周武伐紂、而殷人不非。挙順天人。故能然矣。

【四】むずかしいのは勝つことではない

国にしても軍にしても、しっかりと掌握するためには、必ず礼をもって人民を教化し、義をもって士気を奮いたたせ、恥辱を恥辱とする気風を植えつけなければならない。そうあってこそ、

成湯 殷の湯王。夏の桀王を滅ぼして殷王朝を興した。

桀 夏王朝の最後の皇帝。殷の湯王に滅ぼされた。

周武 周の武王。殷の紂王を伐って周王朝を興した。

紂 殷王朝の最後の皇帝で、周の武王に滅ぼされた。

攻めてよし、守ってよし、無敵の軍ができあがるのである。

しかしながら、戦って勝利を収めることは容易であるが、その成果を守りきることはむずかしい。だから、こう言われている。

「天下の強国のなかで、五度も勝利を収めた者は、破滅する。四度勝利を収めた者は、疲弊する。三度勝利を収めた者は、覇者となる。二度勝利を収めた者は、王となる。たった一度の勝利で事態を収拾した者こそが帝となりうるのだ」

古来、しばしば勝利を収めて天下を取った者は少なく、かえって滅亡した者が多いのは、このような理由によるのである。

■しばしば勝ちて以って亡ぶる者は衆《おお》し 軍事はゆるがせにできない。しかし、みだりにもてあそぶことは厳につつしまなければならないという認識は、中国のすべての兵法書に共通している。しばしば勝って、それが逆に墓穴を掘ることにつながった例を、古今の戦史に数多く見出すことができる。

呉子《ごし》曰《いわ》く、およそ国《くに》を制《せい》し軍《ぐん》を治《おさ》むるに、必《かなら》ずこれに教《おし》うるに礼《れい》を以《も》ってし、これを励《はげ》ますに義《ぎ》を以《も》ってし、恥《はじ》あらしむるなり。それ人《ひと》に恥《はじ》あれば、大《だい》に在《あ》りては以《も》って戦《たたか》うに足《た》り、小《しょう》に在《あ》りては以《も》って守《まも》るに足《た》る。然《しか》れども戦《たたか》いて勝《か》つは易《やす》く、勝《か》つことを守《まも》るは難《かた》し。故《ゆえ》に曰《いわ》く、天下《てんか》戦国《せんごく》、五《ご》たび勝《か》つ者《もの》は禍《わざわ》いなり。四《よ》たび勝《か》つ者《もの》は弊《つか》る。三《み》たび勝《か》つ者《もの》は覇《は》たり。二《ふた》たび勝《か》つ者《もの》は王《おう》たり。一《ひと》たび勝《か》つ者《もの》は帝《てい》たり、と。ここを以《も》って、しばしば勝《か》ちて天下《てんか》を得《う》る者《もの》は稀《まれ》に、以《も》って亡《ほろ》ぶる者《もの》は衆《おお》し。

呉子曰、凡制国治軍、必教之以礼、励之以義、使有恥也。夫人有恥、在大足以戦、在小足以守矣。然戦勝易、守勝難。故曰、天下戦国、五勝者禍。四勝者弊。三勝者覇。二勝者王。一勝者帝。是以数勝得天下者稀、以亡者衆。

【五】五種類の戦争にどう対処するか

戦争が起こるのは、次の五つの原因による。

一、名誉。二、利益。三、憎悪。四、内乱。五、饑餓。

また戦争は、その意味合いから、次の五つに分類できる。

一、義兵。二、強兵。三、剛兵。四、暴兵。五、逆兵。

義兵とは、暴政をやめさせ、混乱を救うための戦争である。

強兵とは、強大な兵力を笠に着て弱者を侵略する戦争である。

剛兵とは、怒りにまかせて発動する戦争である。

暴兵とは、礼義をかなぐり捨てて、利益だけをむさぼる戦争である。

逆兵とは、国政が乱れ、人民が疲弊しているのに、それを無視して強行する戦争である。

もし敵がこのような戦争をしかけてきた場合、それぞれの対策は次のとおりである。

義兵に対しては、礼をもって接し、口実を与えない。
強兵に対しては、下手《したて》に出て、逆らわない。
剛兵に対しては、外交交渉に訴えてはぐらかす。
暴兵に対しては、奇策をもってやりこめる。
逆兵に対しては、謀略をもって封じこめる。

■戦争について五つの原因をあげ、その性格を五種類に分類している。単純化して言えばこういうことになるのかもしれないが、現実には幾つかの要因が複雑にからみ合っているケースが多いのではないか。たとえば「義兵」である。戦うときには、双方が「われに正義あり」と大義名分を掲げるのが通例であって、一方だけが「義兵」であるといった例はきわめて少ない。だから、大義名分の裏にどんな思惑や利害関係が秘められているかを見極める必要がある。また、それによって対応の仕方も異なってくることは言うまでもない。

呉子《ごし》曰《いわ》く、およそ兵《へい》の起《お》こる所《ところ》のもの五《ご》あり。一《いち》に曰《いわ》く、名《な》を争《あらそ》う。二《に》に曰《いわ》く、利《り》を争《あらそ》う。三《さん》に曰《いわ》く、悪《お》を積《つ》む。四《し》に曰《いわ》く、内乱《うちみだ》る。五《ご》に曰《いわ》く、饑《き》に因《よ》る。その名《な》また五《ご》あり。一《いち》に曰《いわ》く、義《ぎ》兵《へい》。二《に》に曰《いわ》く、強兵《きょうへい》。三《さん》に曰《いわ》く、剛兵《ごうへい》。四《し》に曰《いわ》く、暴兵《ぼうへい》。五《ご》に曰《いわ》く、逆兵《ぎゃくへい》。暴《ぼう》を禁《きん》じ乱《らん》を救《すく》うを義《ぎ》と曰《い》う。衆《しゅう》を恃《たの》みて以《も》って伐《う》つを強《きょう》と曰《い》う。怒《いか》りに因《よ》りて師《し》を興《おこ》すを剛《ごう》と曰《い》う。礼《れい》を棄《す》て利《り》を貪《むさぼ》るを暴《ぼう》と曰《い》う。国乱《くにみだ》れ人疲《ひとつか》れたるに事《こと》を挙《あ》げ衆《しゅう》を動《うご》かすを逆《ぎゃく》と曰《い》う。五者《ごしゃ》の数《すう》、各《おのおの》その道《みち》あり。義《ぎ》は、必《かなら》ず礼《れい》を以《も》って服《ふく》す。強《きょう》は、必《かなら》ず謙《けん》を以《も》って服《ふく》す。剛《ごう》は、必《かなら》ず辞《じ》を以《も》って服《ふく》す。暴《ぼう》は、必《かなら》ず詐《さ》を以《も》って服《ふく》す。逆《ぎゃく》は、必《かなら》ず権《けん》を以《も》って服《ふく》す。

呉子曰、凡兵之所起者有五。一曰、争名。二曰、争利。三曰、積悪。四曰、内乱。五曰、因饑。其名又有五。一曰、義兵。二曰、強兵。三曰、剛兵。四曰、暴兵。五曰、逆兵。禁暴救乱、曰義。恃衆以伐、曰強。因怒興師、曰剛。棄礼貪利、曰暴。国乱人疲、挙事動衆、曰逆。五者之数、各有其道。義必以礼服。強必以謙服。剛必以辞服。暴必以詐服。逆必以権服。

【六】能力別人材活用法

武侯がたずねた。

「軍を掌握し、人材を識別し、国を強固にする方策を教えてほしい」

呉起が答えた。

「むかしの賢君は、君臣の関係、上下の規範をととのえ、臣下や人民をその分に安んじさせ、それぞれの情況に応じて教育しました。そして、すぐれた人材を選抜して、一旦緩急に備えたのです。例をあげましょう。斉《せい》の桓《かん》公は、勇士五万を募《つの》って天下に覇をとなえました。晋《しん》の文《ぶん》公は、突撃隊四万を編成してやはり天下の覇者となりました。また、秦《しん》の穆《ぼく》公は、決死隊三万を組織して四隣の諸国を制圧しました。これでおわかりのように、強国の君主はいずれも人材を識別して、その活用を心がけたのです。

それにはどうすればよいか。

まず、胆力、気力ともにすぐれた者を集めて一隊を編成します。つぎに、死を恐れず、力のかぎり奮戦して、勲功を立てたいと願っている者を集めて一隊とします。

足が早くて身のこなしが軽く、高い障壁も遠路も苦にしない者を集めて一隊とします。

また、左遷、失脚した高官で、功名手柄を立てて返り咲きのきっかけをつかみたいと望んでいる者を集めて、これまた一隊を編成します。さらに、城や陣を捨てて退却した将兵で、汚名返上の機会をねらっている者を集めて、一隊を編成します。

以上述べた五つの戦闘部隊は、軍中、最も精強な部隊です。こんな兵士が三千人もいれば、いかなる重囲も突破し、いかなる堅城も攻略することができましょう」

■ワン・モア・チャンス もう一回、汚名返上のチャンスを与えよということの発想は、組織の人事管理にも応用することができよう。大企業になるほど、一度や二度の失敗で、せっかくの人材をくさらせてしまう例が多い。

武侯《ぶこう》、問《と》うて曰《いわ》く、「願《ねが》わくは兵《へい》を治《おさ》め人《ひと》を料《はか》り国《くに》を固《かた》くするの道《みち》を聞《き》かん」

起《き》、対《こた》えて曰《いわ》く、「古《いにしえ》の明王《めいおう》は、必《かなら》ず君臣《くんしん》の礼《れい》を謹《つつし》み、上下《じょうげ》の儀《ぎ》を飾《おさ》め、吏民《りみん》を安集《あんしゅう》し、俗《ぞく》に順《したが》いて教《おし》え、良材《りょうざい》を簡募《かんぼ》して、以《も》って不虞《ふぐ》*に備《そな》う。昔《むかし》、斉桓《せいかん》*は士五万《しごまん》を募《つの》りて、以《も》って諸侯《しょこう》に覇《は》たり。晋文《しんぶん》*は前行《ぜんこう》をなすもの四万《よんまん》を召《め》して、以《も》ってその志《こころざし》を獲《え》たり。秦穆《しんぼく》*は陥陣三万《かんじんさんまん》を置《お》き、以《も》って隣敵《りんてき》を服《ふく》せり。故《ゆえ》に強国《きょうごく》の君《きみ》は必《かなら》ずその民《たみ》を料《はか》る。民《たみ》の胆勇気力《たんゆうきりょく》ある者《もの》を、聚《あつ》めて一卒《いっそつ》*と

＊不虞 思いがけない事態。

＊斉桓 斉の桓公。春秋時代、富国強兵に成功し、最初の覇者として天下に号令した。

なす。楽《たの》しみて以《も》って進《すす》み戦《たたか》い、力《ちから》を効《いた》して以《も》ってその忠勇《ちゅうゆう》を顕《あらわ》す者《もの》を、聚《あつ》めて一卒《いっそつ》となす。能《よ》く高《たか》きを踰《こ》え遠《とお》きを超《こ》え、軽足《けいそく》にして善《よ》く走《はし》る者《もの》を、聚《あつ》めて一卒《いっそつ》となす。王臣位《おうしんくらい》を失《うしな》いて、功《こう》を上《うえ》に見《あら》わさんと欲《ほっ》する者《もの》を、聚《あつ》めて一卒《いっそつ》となす。城《しろ》を棄《す》て守《まも》りを去《さ》りて、その醜《はじ》を除《のぞ》かんと欲《ほっ》する者《もの》を、聚《あつ》めて一卒《いっそつ》となす。この五者《ごしゃ》は、軍《ぐん》の練鋭《れんえい》なり。この三千人《さんぜんにん》あらば、内《うち》より出《い》でては以《も》って囲《かこ》みを決《けっ》すべく、外《そと》より入《い》りては以《も》って城《しろ》を屠《ほふ》るべし」

＊晋文　晋の文公。「春秋五覇」の一人。

＊秦穆　秦の穆公。「春秋五覇」の一人。「西戎の覇者」として近隣諸国に恐れられた。

＊一卒　兵百人の部隊。

武侯問曰、願聞治兵料人固国之道。起対曰、古之明王、必謹君臣之礼、飾上下之儀、安集吏民、順俗而教、簡募良材、以備不虞。昔、斉桓募士五万、以覇諸侯。晋文召為前行四万以獲其志。秦穆置陥陣三万以服隣敵。故強国之君必料其民。民有胆勇気力者、聚為一卒。楽以進戦、効力以顕其忠勇者、聚為一卒。能踰高超遠、軽足善走者、聚為一卒。王臣失位、而欲見功於上者、聚為一卒。棄城去守、欲除其醜者、聚為一卒。此五者軍之練鋭也。有此三千人、内出可以決囲、外入可以屠城矣。

【七】必ず勝つ方策とは何か

武侯がたずねた。

「敵と対陣しても乗ずる隙を与えない、守勢に回ってもいささかの崩れも見せない、そして戦えば必ず勝つ――この三つの方策について聞かせてほしい」

呉起が答えた。

「お聞かせするどころか、今すぐにでもお目にかけることができます。君主が、賢者を高い地位につけ、不肖者を低い地位にとどめておけば、敵に乗ずる隙を与えません。また、人民の生活を安定させ、人民が為政者に全幅の信頼を寄せるようにつとめれば、国の守りにいささかの崩れも見せません。さらに万民ことごとくわが君の政治に満足し、敵国の政治に不満を抱くようになれば、戦わずして勝利を収めることができます」

■必勝の策とは、まず国内の態勢を固めること、そのためには有能な人材を登用し、しっかりした政治を行なって、国民の支持をとりつけることだという。迂遠なようだが、これが大前提になることは、いつの時代でも変わりがない。

武侯《ぶこう》曰《いわ》く、「願《ねが》わくは陣《じん》すれば必《かなら》ず定《さだ》まり、守《まも》れば必《かなら》ず固《かた》く、戦《たたか》えば必《かなら》ず勝《か》つの道《みち》を聞《き》かん」

起《き》、対《こた》えて曰《いわ》く、「立《た》ちどころに見《み》んことすら可《か》なり、あに直《ただ》に聞《き》くのみならんや。君能《きみよ》く賢者《けんじゃ》をして上《うえ》に居《お》り、不肖者《ふしょうもの》*をして下《した》に処《お》らしむれば、則《すなわ》ち陣《じん》すでに定《さだ》まれるなり。民《たみ》、その田宅《でんたく》に安《やす》んじ、その有司《ゆうし》に親《した》しめば、則《すなわ》ち守《まも》りすでに固《かた》し。百姓皆《ひゃくせいみな》吾《わ》が君《きみ》を是《ぜ》とし隣国《りんごく》を非《ひ》とせば、則《すなわ》ち戦《たたか》いすでに勝《か》てるなり」

武侯曰、願聞陣必定、守必固、戦必勝之道。起対曰、立見且可、豈直聞乎。君能使賢者居上、不肖者処下、則陣已定矣。民安其田宅、親其有司、則守已固矣。百姓皆是吾君、而非隣国、則戦已

＊**不肖者**　肖は「似る」という意味。父親に似ていないということで、愚かな人間をいう。

勝矣。

【八】部下の無能を悲しむ

あるとき、朝廷で会議が開かれたが、だれひとりとして武侯よりすぐれた意見を出す者がいなかった。退出するとき、武侯は、どうだと言わんばかりの顔である。

それを見て、呉起が進み出た。

「恐れながら申しあげます。むかし、楚《そ》の荘《そう》王が臣下と会議を開いたところ、だれひとりとして荘王よりすぐれた意見を出した者がおりません。政務を終えて退出するとき、荘王の顔にはありありと失望の色が浮かんでいました。それを見て、申《しん》公という重臣が『なぜそのような顔をなさるのか』とたずねたところ、王は、こう答えたということです。

『〝どのような時代にも聖人はおり、どのような国にも賢者はいる。それを見出して師と仰ぐ者は王者となり、友として迎える者は覇者となる〟というではないか。わしはもとより至らぬ身である。ところが今、群臣ことごとく、そのわしにさえ及ばぬことがわかった。これでは、わが国の前途が案じられてならぬ』

荘王はこのように臣下の無能を悲しんだのです。しかるに、あなたはそれを喜んでおられる。わが国もこの先どうなることか、心配でなりません」

さすがの武侯もみずからの不明を恥じる気配であった。

■ワンマンの陥穽　呉起の仕えた魏《ぎ》という国は、初代文《ぶん》侯の代に広く人材を招いて隆盛の基礎を築き、当時、最強の国にのしあがったが、二代目の武《ぶ》侯の代になると、早くも国勢は下降線をたどり始める。その原因の一つは、武侯もまた二代目にありがちな苦労知らずの傲慢さを免れていなかった点にある。このくだりは、いつの時代でも、トップたる者はすぐれた補佐役を持つべし、という教訓であろう。

武侯《ぶこう》、かつて事《こと》を謀《はか》るに、群臣《ぐんしん》能《よ》く及《およ》ぶなし。朝《ちょう》を罷《まか》りて喜色《きしょく》＊あり。起《き》、進《すす》みて曰《いわ》く、「昔《むかし》、楚《そ》の荘王《そうおう》＊かつて事《こと》を謀《はか》る。群臣《ぐんしん》能《よ》く及《およ》ぶなし。朝《ちょう》を罷《まか》りて憂色《ゆうしょく》あり。申公《しんこう》＊問《と》いて曰《いわ》く、『君《きみ》、憂《ゆう》色《しょく》あるは何《なん》ぞや』。曰《いわ》く、『寡人《かじん》これを聞《き》く、〝世《よ》、聖《せい》を絶《た》たず。国《くに》、賢《けん》に乏《とぼ》しからず。能《よ》くその師《し》を得《う》る者《もの》は王《おう》たり、能《よ》くその友《とも》を得《う》る者《もの》は覇《は》たり〟と。今《いま》、寡人《かじん》不才《ふさい》にして群臣《ぐんしん》及《およ》ぶ者《もの》なし。楚国《そこく》それ殆《あや》うからん』。これ楚《そ》の荘王《そうおう》の憂《うれ》うる所《ところ》なれども君《きみ》これを説《よろこ》ぶ。臣《しん》窃《ひそか》に懼《おそ》る」。ここにおいて武侯《ぶこう》、慚《は》ずる色《いろ》あり。

武侯嘗謀事、群臣莫能及。罷朝而有喜色。起進曰、昔、楚荘王嘗謀事。群臣莫能及。罷朝而有憂色。申公問曰、君有憂色何也。曰、寡人聞之、世不絶聖。国不乏賢。能得其師者王、能得其友者覇。今寡人不才、而群臣莫及者。楚国其殆矣。此楚荘王之所憂、而君説之。臣窃懼矣。於是武侯有慚色。

＊**朝を罷りて**　「朝」は朝廷、王が政務をとる所。「罷る」は終えて退出すること。

＊**楚の荘王**　春秋時代の五覇の一人。「鼎の軽重を問う」の故事で知られる。

＊**申公**　楚の重臣。申の地に封ぜられたので、こう呼ばれる。

【第二】料《りょう》敵《てき》篇

「国家《こっか》を安《やす》んずるの道《みち》は、先《ま》ず戒《いまし》むるを宝《たから》となす」

「敵《てき》を料《はか》るに、卜《ぼく》せずしてこれと戦《たたか》うもの八《はち》あり」

「可《か》を見《み》て進《すす》み、難《かた》きを知《し》りて退《しりぞ》く」

「兵《へい》を用《もち》うるには、必《かなら》ずすべからく敵《てき》の虚実《きょじつ》を審《つまびら》かにして、その危《あや》うきに趨《おもむ》くべし」

「敵人《てきじん》遠《とお》く来《き》たりて新《あら》たに至《いた》り、行列《こうれつ》いまだ定《さだ》まらざるは、撃《う》つべし」

戦争ともなれば、まず冷静に敵情を分析してかからなければならない。そのうえで、有利と見たら攻撃し、不利と見たら退くことを心がけよ。

【二】敵情を分析し、それに応じた戦いを

武侯がたずねた。

「いま、わが国は西からは秦《しん》におびやかされ、南からは楚《そ》が、北からは趙《ちょう》が、東からは斉《せい》が隙を窺《うかが》っている。さらに、後ろには燕《えん》が、前には韓《かん》がひかえている。四方八方、敵にとり囲まれ、まことに憂慮にたえない。なんぞよい策はないか」

呉起が答えた。

「国の安全を確保するには、なによりもまず警戒心を高めることが肝要です。わが君にはすでにそれをお持ちになっておられます故、まずは心配などありますまい。

しかしながら、せっかくのおたずねですから、かいつまんで六国の国情を述べてみましょう。斉の軍は充実してはいるが強力ではありません。秦の軍はまとまりがなく各個バラバラで戦います。楚の軍は一見整然としているように見えるが持久力に乏しい。燕の軍は守りに回ったら無類の強さを発揮します。趙・韓の軍は見せかけだけで実戦の役には立ちません。

なぜそう言えるのか。その対策はあるのか。次に、それを述べてみましょう。

まず斉ですが、これは、国民性の激しい国柄です。財政は豊かですが、君臣ともに驕《おご》りたかぶり、下々への配慮を欠いています。政治は寛大ですが俸禄は不公平、軍も意志の統一を欠き、主力部隊は充実しているが、後方部隊はさほどでもありません。充実してはいるが強力ではないと

申しあげたのはそのためです。これを撃つには、わが軍を三分し、その二つをもって敵の左右両翼に猛攻を加え、ひるんだところへさらに追い撃ちをかける。こうすれば、わが軍の勝利は疑いありません。

次に、秦ですが、国民の性格は強いの一語につきます。地形は険阻、政治は厳正、賞罰は適正に行なわれ、人民は闘争心に富み、他を押しのけてまで戦おうとします。それがまた逆に、軍にまとまりがなく、各個バラバラに戦うという欠点につながっているのです。これを撃つには、利益をちらつかせて誘い出せばよろしい。そうすれば兵士は将の制止を無視してわれ先にとびつくにちがいありません。その隙に乗じて各個撃破し、伏兵を置いて攻めたてれば、大将を討ち取ることもできましょう。

これに対し楚は、国民性の弱さがその特徴です。しかも、国土が広すぎて政治が乱れ、人民は疲弊しています。一見、整然としているように見えるが持久力に乏しいのは、そのためです。これを撃つ方法は、屯営を急襲して混乱させ、まずその戦意を喪失させること、そして攻めたかと思えばさっと退いて疲労困憊させる。このように、正面から戦を挑まなければ、勝利を収めることができます。

また、燕の国民性は質朴で慎重そのもの、義を重んじますが、策略に乏しい。したがって、いちど守りについたら逃げることを知らない。これを攻めるには、まず相手に接近し、攻めるとみせて退き、追うとみせて追わないことです。相手はこちらの意図が見抜けないので、将は方針を立てられず兵士は恐れを抱くにちがいありません。こうして決戦を避け、わが車騎をもって遠巻きに包囲していれば、やがて敵を降服させることができます。

さらに趙と韓ですが、中原に位置して国民性が穏やか、政情も比較的安定しています。しかし、たびたび戦争に巻き込まれてきたので、民力が疲弊し、人民は将を軽視し、俸禄にも不満を持っています。兵士にも、いざ戦わんかなの気概がありません。見せかけだけで実戦の役に立たないのは、そのためです。これと戦うには対陣して威圧を加え、攻めてくれば防ぎ、退けば追い、持久戦に持ちこんで疲労させるのが上策です。

さて、これに対し、わが軍の備えですが、一軍のなかには、必ず猛虎のような勇士がいるはず。力は軽々と鼎《かなえ》を持ちあげ、足は軍馬よりも早く、戦いともなれば必ず敵の軍旗を奪い敵将の首級をあげてくる、そんな勇士は選抜して特別待遇を与えなければなりません。これこそ軍の生命といえます。また、さまざまな武器を巧みに使いこなし、身体壮健で戦意旺盛な者を抜擢して、ふだんから目をかけておけば、これまた、いざ戦いというときに、大きな戦力となりましょう。かれらについては、家族に対しても手厚い待遇を保証し、賞罰を明確にしておかなければなりません。そうすれば、いっそう有力な戦力となりいかなる長期戦でも戦い抜きましょう。これらの諸点を十分に検討しきちんと処理しておきさえすれば、われに倍する敵を撃ち破ることも困難ではありません」

武侯はうなずいた。

「なるほど。よくわかった」

■事に因《よ》りて宜《よろ》しきを制す

呉起の生きた戦国時代には、「戦国の七雄」と称された七つの強国によって熾烈な争覇戦が続けられた。魏にとっては、他の六カ国はすべて敵国または潜在敵国にほかならない。呉起は、これら敵国の国情を分析し、それに応じた対策を進言する。中国語に「因事制宜」ということばがある。「事に因りて宜しきを制す」、つまり、情況に応じてそれにふさわしい処置をとるという意味であるが、呉起の考え方もこれであった。一つの原則にこだわるのではなく、時と場合によって、その応用を心がけることが大切なのである。

　武侯《ぶこう》、呉起《ごき》に謂《い》いて曰《いわ》く、「今《いま》、秦《しん》、吾《わ》が西《にし》を脅《おびや》かし、楚《そ》、吾《わ》が南《みなみ》を帯《お》び、趙《ちょう》、吾《わ》が北《きた》を衝《つ》き、斉《せい》、吾《わ》が東《ひがし》に臨《のぞ》み、燕《えん》、吾《わ》が後《うしろ》を絶《た》ち、韓《かん》、吾《わ》が前《まえ》に拠《よ》る。六国《りっこく》の兵《へい》、四《よ》もに守《まも》りて、勢《いきお》い甚《はなは》だ便《べん》ならず。これを憂《うれ》うること奈何《いかん》」

　起《き》、対《こた》えて曰《いわ》く、「それ国家《こっか》を安《やす》んずるの道《みち》は、先《ま》ず戒《いまし》むるを宝《たから》となす。今《いま》、君《きみ》すでに戒《いまし》む。禍《わざわい》それ遠《とお》ざからん。臣請《しんこ》う、六国《りっこく》の俗《ぞく》を論《ろん》ぜん。それ斉《せい》の陣《じん》は重《おも》くして堅《かた》からず。秦《しん》の陣《じん》は散《さん》じて自《みずか》ら闘《たたか》う。楚《そ》の陣《じん》は整《ととの》いて久《ひさ》しからず。燕《えん》の陣《じん》は守《まも》りて走《はし》らず。三晋《さんしん》＊の陣《じん》は治《おさ》めて用《もち》いず。

　それ斉《せい》の性《せい》は剛《ごう》なり。その国《くに》は富《と》み、君臣驕奢《くんしんきょうしゃ》にして細民《さいみん》に簡《かん》なり。その政《せい》は寛《かん》にして禄《ろく》均《ひと》しからず。一陣両心《いちじんりょうしん》あり、前《まえ》重《おも》く後《うしろ》軽《かる》し。故《ゆえ》に重《おも》くして堅《かた》からず。これを撃《う》つの道《みち》は、必《かなら》ずこれを三分《さんぶん》し、その左右《さゆう》を猟《と》り、脅《おびや》かしてこれに従《したが》わば、その陣壊《じんやぶ》るべし。

　秦《しん》の性《せい》は強《つよ》し。その地《ち》は険《けん》、その政《せい》は厳《げん》、その賞罰《しょうばつ》は信《しん》なり。その人《ひと》は譲《ゆず》らず、皆闘心《みなとうしん》あり。故《ゆえ》に散《さん》じて自《みずか》ら戦《たたか》う。これを撃《う》つの道《みち》は、必《かなら》ず先《ま》ずこれに示《しめ》すに利《り》を以《も》ってしてこれを引《ひ》き去《さ》る。

＊三晋　春秋時代の大国であった晋を、韓、魏、趙の三人の家老職が分割して独立したところから、この三国を総称してこう呼ぶ。黄河の中流域に位置していた。

士《し》、得《う》るを貪《むさぼ》りてその将《しょう》を離《はな》れん。乖《かい》に乗《じょう》じ散《さん》を猟《と》り伏《ふく》を設《もう》け機《き》を投《とう》ぜば、その将取《しょうと》るべし。

楚《そ》の性《せい》は弱《よわ》し。その地《ち》は広《ひろ》く、その政《せい》は騒《さわ》がしく、その民《たみ》は疲《つか》れたり。故《ゆえ》に、整《ととの》いて久《ひさ》しからず。これを撃《う》つの道《みち》は、その屯《とん》を襲《おそ》い乱《みだ》し、先《ま》ずその気《き》を奪《うば》い、軽《かる》く進《すす》み速《すみや》かに退《しりぞ》きて、弊《つか》らしてこれを労《ろう》せしめ、与《とも》に争《あらそ》い戦《たたか》うことなければ、その軍敗《ぐんやぶ》るべし。

燕《えん》の性《せい》は慤《かく》なり。その民《たみ》は慎《つつし》めり。勇義《ゆうぎ》を好《この》み、詐謀寡《さぼうすくな》し。故《ゆえ》に守《まも》りて走《はし》らず。これを撃《う》つの道《みち》は、触《ふ》れてこれに迫《せま》り、陵《しの》ぎてこれに遠《とお》ざかり、馳《は》せてこれに後《おく》るれば、則《すなわ》ち上疑《うえうたが》い下懼《したおそ》れん。わが車騎《しゃき》を謹《つつし》みて、必《かなら》ずこれが路《みち》を避《さ》くれば、その将虜《しょうとりこ》にすべし。

三晋《さんしん》は中国《ちゅうごく》なり。その性《せい》は和《わ》、その政《せい》は平《へい》なり。その民《たみ》は戦《たたか》いに疲《つか》れ、兵《へい》に習《なら》い、その将《しょう》を軽《かろ》んじ、その禄《ろく》を薄《うす》んじ、士《し》は死志《しし》なし。故《ゆえ》に治《おさ》めて用《もち》いず。これを撃《う》つの道《みち》は、陣《じん》を阻《へだ》ててこれを圧《あっ》し、衆来《しゅうき》たれば則《すなわ》ちこれを拒《ふせ》ぎ、去《さ》れば則《すなわ》ちこれを追《お》い、以《も》ってその師《し》を倦《う》ましむ。これその勢《いきお》いなり。

然《しか》して則《すなわ》ち一軍《いちぐん》の中《うち》、必《かなら》ず虎賁《こほん》の士《し》*あり。力《ちから》、鼎《かなえ》を扛《あ》ぐるを軽《かる》しとし、足《あし》、戎馬《じゅうば》より軽《かる》く、旗《はた》を搴《と》り将《しょう》を斬《き》ること、必《かなら》ず能《よ》くする者《もの》あり。かくの若《ごと》きの等《たぐい》は、選《えら》びてこれを別《わか》ち、愛《あい》してこれを貴《たっと》ぶ。これを軍命《ぐんめい》と謂《い》う。それ工《たく》みに五兵《ごへい》*を用《もち》い、材力健疾《ざいりきけんしつ》、志《こころざし》、敵《てき》を呑《の》むに在《あ》る者《もの》あらば、必《かなら》ずその爵列《しゃくれつ》を加《くわ》えて以《も》って勝《か》ちを決《けっ》すべし。その父母妻子《ふぼさいし》を厚《あつ》くし、勧賞畏罰《かんしょういばつ》せば、これ堅陣《けんじん》の士《し》なり。与《とも》に持久《じきゅう》すべし。能《よ》く審《つまびら》かにこれを料《はか》らば、以《も》って倍《ばい》を撃《う》つべし」

武侯曰《ぶこういわ》く、「善《よ》し」

＊虎賁の士　「賁」は「奔」と同じ。虎のように奔《はし》って獣を追うという意味から、勇士を指す。

＊五兵　五種類の武器。一説によると、弓、殳《しゅ》、矛、戈、戟を指す。

武侯謂呉起曰、今秦脅吾西、楚帯吾南、趙衝吾北、斉臨吾東、燕絶吾後、韓拠吾前。六国之兵四守、勢甚不便。憂此奈何。起対曰、夫安国家之道、先戒為宝。今君已戒。禍其遠矣。臣請、論六国之俗。夫斉陣重而不堅。秦陣散而自闘。楚陣整而不久。燕陣守而不走。三晋陣治而不用。夫斉性剛。其国富、君臣驕奢而簡於細民。其政寛而禄不均。一陣両心、前重後軽。故重而不堅。撃此之道、必三分之、猟其左右、脅而従之、其陣可壊。秦性強。其地険、其政厳、其賞罰信。其人不譲、皆有闘心。故散而自戦。撃此之道、必先示之以利而引去之。士貪於得而離其将。乗乖猟散設伏投機、其将可取。楚性弱。其地広、其政騒、其民疲。故整而不久。撃此之道、襲乱其屯、先奪其気、軽進速退、弊而労之、勿与争戦、其軍可敗。燕性慤。其民慎。好勇義、寡詐謀。故守而不走。撃此之道、触而迫之、陵而遠之、馳而後之、則上疑而下懼。謹我車騎、必避之路、其将可虜。三晋者中国也。其性和、其政平。其民疲於戦、習於兵、軽其将、薄其禄、士無死志。故治而不用。撃此之道、阻陣而圧之、衆来則拒之、去則追之、以倦其師。此其勢也。然則一軍之中必有虎賁之士。力軽扛鼎、足軽戎馬、搴旗斬将、必有能者。若此之等、選而別之、愛而貴之。是謂軍命。其有工用五兵、材力健疾、志在呑敵者、必加其爵列、可以決勝。厚其父母妻子、勧賞畏罰、此堅陣之士。可与持久。能審料此、可以撃倍。武侯曰、善。

【二】戦うべき場合と、そうでない場合

敵情のいかんによっては、占いをたてるまでもなく、即座に攻撃を加えてよい場合がある。次の八つが、これにあたる。

一、烈風厳寒の日に、早朝から起きだして移動を開始し、氷を砕いて河を渡り、いっこうに兵士の難儀をかえりみない敵

二、盛夏炎熱の日に、おそく起きだしてあたふたと行動を開始し、飢えや喝《かわ》きに苦しみながら、遠方まで移動しようとする敵

三、長期戦に追いこまれて食糧が欠乏し、人民に不満がつのり、しばしば不吉な出来事が起こって兵士に動揺が生じても、将がそれを制止することのできない敵

四、資材、燃料、飼料が底をついているのに、長雨が降り続いて、現地調達もままならなくなっている敵

五、兵員が少なく、水の便、地の利に恵まれず、人馬ともに悪疾に苦しみ、援軍も期待できない敵

六、日が没しても目的地に達せず、将兵は疲れはてているのに食糧にもありつけず、武装を解いて休息している敵

七、将は能力に乏しく、軍幹部は押さえがきかず、兵士に結束がなく、全軍が常に動揺してい

るうえに、援軍の見込みもない敵
八、布陣にとりかかってまだ完了していない、宿営の準備を始めてまだ終わっていない、険阻な地形を通過中で陣形に乱れが生じている、このような中途半端な状態にある敵
以上のような状態にある敵に対しては、ためらわず攻撃を加えなければならない。
これとは逆に、次のような敵に対しては、占うまでもなく、攻撃を避けるべきである。
一、広大な領土を有し、人口も多く、人民の生活も豊かな敵
二、為政者が人民を愛護し、恩恵が国中に行きわたっている敵
三、賞すべきは賞し、罰すべきは罰し、しかもその措置が時を失わず、当を得ている敵
四、功績を立てた者がその功績に応じて抜擢され、能力のある者が重用されている敵
五、兵員が多く、装備もすぐれている敵
六、近隣諸国の協力と大国の援助を期待できる敵
敵が以上の条件を備えているときは、ためらわずに攻撃を中止すべきだ。
要するに、有利と見たら攻撃を加え、不利と見たら退くことが肝要である。

■可《か》を見て進み、難《かた》きを知りて退く　有利と見たら攻撃し不利と見たら退く――きわめて柔軟な考え方であり、『呉子』だけではなく中国の兵法書すべてに共通する認識である。と同時に、兵法だけではなく、中国人のあらゆる認識を貫いている考え方でもある。孔子も、勝算もないのにやみくもに突き進むことを「暴虎馮河《ぼうこひょうが》」（血気の勇）といって軽蔑した。真の勇気とは、進むべきときには進み、退くべきときには退くということであろう。

呉子《ごし》曰《いわ》く、およそ敵《てき》を料《はか》るに、卜《ぼく》せずしてこれと戦《たたか》うもの八《はち》あり。一《いち》に曰《いわ》く、疾風大寒《しっぷうたいかん》に早《はや》く興《お》き寤《さ》めて遷《うつ》り、冰《こおり》を剖《さ》き水《みず》を済《わた》りて艱難《かんなん》を憚《はばか》らざる。二《に》に曰《いわ》く、盛夏炎熱《せいかえんねつ》に晏《おそ》く興《お》きて間《ひま》なく、行駆飢渇《こうくきかつ》するに、務《つと》むるに遠《とお》きを取《と》ることを以《も》ってする。三《さん》に曰《いわ》く、師《し》すでに淹久《えんきゅう》して糧食《りょうしょく》あることなく、百姓怨怒《ひゃくせいえんど》し妖祥《ようしょう》しばしば起《お》こり、上《うえ》、止《とど》むること能《あた》わざる。四《し》に曰《いわ》く、軍資《ぐんし》すでに竭《つ》き、薪芻《しんすう》*すでに寡《すくな》く、天《てん》、陰雨多《いんうおお》く、掠《かす》めんと欲《ほっ》すれども所《ところ》なき。五《ご》に曰《いわ》く、徒衆多《としゅうおお》からず、水《すい》地利《ちり》あらず、人馬疾病《じんばしっぺい》し、四隣至《しりんいた》らざる。六《ろく》に曰《いわ》く、道遠《みちとお》くして日暮《ひく》れ、士衆労懼《ししゅうろうく》し、倦《う》みていまだ食《くら》わず、甲《こう》を解《と》きて息《いこ》える。七《しち》に曰《いわ》く、将薄《しょううす》く吏軽《りかる》く、士卒固《しそつかた》からず、三軍《さんぐん》しばしば驚《おどろ》きて師徒助《しとたす》けなき。八《はち》に曰《いわ》く、陣《じん》していまだ定《さだ》まらず、舎《しゃ》していまだ畢《おわ》らず、阪《さか》を行《ゆ》き険《けん》を渉《わた》り、半《なか》ば隠《かく》れ半《なか》ば出《い》づる。諸《もろもろ》のかくの如《ごと》き者《もの》は、これを撃《う》ちて疑《うたが》うことなかれ。

占《うらな》わずしてこれを避《さ》くるもの六《ろく》あり。一《いち》に曰《いわ》く、土地広大《とちこうだい》にして、人民富衆《じんみんふしゅう》なる。二《に》に曰《いわ》く、上《うえ》その下《した》を愛《あい》して、恵施流布《けいしるふ》せる。三《さん》に曰《いわ》く、賞《しょう》は信《しん》、刑《けい》は察《さつ》、発《はつ》するに必《かなら》ず時《とき》を得《え》たる。四《し》に曰《いわ》く、功《こう》を陳《の》べ列《れつ》に居《お》り、賢《けん》を任《にん》じ能《のう》を使《つか》える。五《ご》に曰《いわ》く、師徒《しと》の衆《おお》く、兵甲《へいこう》の精《せい》なる。六《ろく》に曰《いわ》く、四隣《しりん》の助《たす》け、大国《たいこく》の援《たす》けある。およそこれ敵人《てきじん》に如《し》かずんば、これを避《さ》けて疑《うたが》うことなかれ。所謂《いわゆる》可《か》を見《み》て進《すす》み、難《かた》きを知《し》りて退《しりぞ》くなり。

呉子曰、凡料敵有不卜而与之戦者八。一曰、疾風大寒、早興寤遷、剖冰済水、不憚艱難。二曰、盛夏炎熱、晏興無間、行駆飢渇、務以取遠。三曰、師既淹久、糧食無有、百姓怨怒、妖祥数起、

＊**薪芻**　「薪」は燃料にするマキ。「芻」は刈り取った草やワラ。馬のカイバ。

上不能止。四曰、軍資既竭、薪芻既寡、天多陰雨、欲掠無所。五曰、徒衆不多、水地不利、人馬疾病、四隣不至。六曰、道遠日暮、士衆労懼、倦而未食、解甲而息。七曰、将薄吏軽、士卒不固、三軍数驚、師徒無助。八曰、陣而未定、舎而未畢、行阪渉険、半隠半出。諸若此者、撃之勿疑。有不占而避之者六。一曰、土地広大、人民富衆。二曰、上愛其下、恵施流布。三曰、賞信刑察、発必得時。四曰、陳功居列、任賢使能。五曰、師徒之衆、兵甲之精。六曰、四隣之助、大国之援。凡此不如敵人、避之勿疑。所謂見可而進、知難而退也。

【三】こんな相手なら必ず勝てる

武侯がたずねた。

「敵の外観によって内情を判断し、その進撃ぶりによって最終的なねらいを察知し、それで勝敗のメドをつけたいと思っている。この点についてそなたの意見を聞かせてほしい」

呉起が答えた。

「陣容にどっしりした落着きがなく、旌旗《せいき》が乱れ、人馬が後ろばかり振り返っている。このような敵に対しては、たとえこちらが十分の一の兵力でも、必ず完膚《かんぷ》なきまでに撃ち破ることができます。また、他の諸国の協力が得られず、君臣関係もバラバラで、陣地は完成せず、軍令も行きわたらず、全軍が不安にかられて、進むも退くも思うにまかせない、こんな状態にある敵に対しては、半分の兵力で戦っても、負ける気づかいは万に一つもありません」

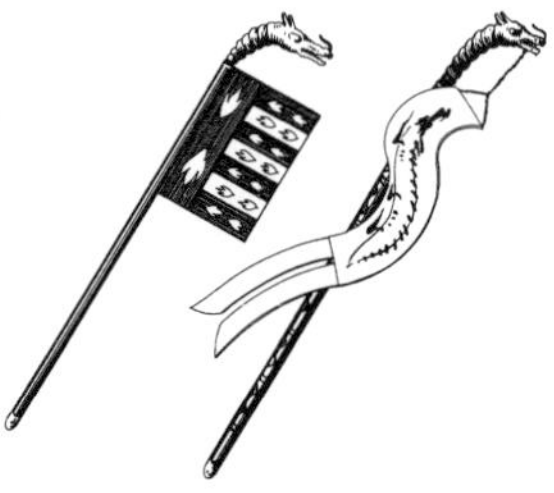

旌旗

■敵軍の兵士にやる気が乏しく、結束力にも欠けているとなれば、それはおのずから動きのにぶさとなって、外に現われてくる。だから、外に現われた動きを観察すれば、相手の内情を把握することができる。これは情報員の活躍に待つところが大きい。

武侯《ぶこう》、問《と》うて曰《いわ》く、「吾《われ》、敵《てき》の外《そと》を観《み》て、以《も》ってその内《うち》を知り、その進《すす》むを察《さっ》して以《も》ってその止《とど》まるを知り、以《も》って勝負《しょうぶ》を定《さだ》めんと欲《ほっ》す。聞《き》くを得《う》べきか」

起《き》、対《こた》えて曰《いわ》く、「敵人《てきじん》の来《き》たること蕩蕩《とうとう》として慮《りょ》なく、旌旗《せいき》*煩乱《はんらん》し、人馬《じんば》しばしば顧《かえり》みるは、一《いち》もて十《じゅう》を撃《う》つべし。必《かなら》ず措《お》くことなからしめん。諸侯《しょこう》いまだ会《かい》せず、君臣《くんしん》いまだ和《わ》せず、溝塁《こうるい》いまだ成《な》らず、禁令《きんれい》いまだ施《ほどこ》さず、三軍匈匈《さんぐんきょうきょう》*として、前《すす》まんと欲《ほっ》するも能《あた》わず、去《さ》らんと欲《ほっ》するも敢《あえ》てせざるは、半《なか》ばを以《も》って倍《ばい》を撃《う》ち、百戦《ひゃくせん》するも殆《あや》うからず」

武侯問曰、吾欲観敵之外、以知其内、察其進、以知其止、以定勝負。可得聞乎。

起対曰、敵人之来、蕩蕩無慮、旌旗煩乱、人馬数顧、一可撃十。必使無措。諸侯未会、君臣未和、溝塁未成、禁令未施、三軍匈匈、欲前不能、欲去不敢、以半撃倍、百戦不殆。

【四】このような時には、ためらわず攻撃を

武侯が、

＊**旌旗**　「旌」は羽毛を五色に染め竿の先に垂らしたもの。「旗」は絹地に熊と虎を画いたもので、大将が掲げた。

＊**三軍匈匈**　一国の軍は上中下の三軍で編成されていたので、三軍とはすなわち全軍。匈匈とは乱れて騒がしいさま。

「攻撃を加えてよいのは、敵がどんな情況に置かれているときか」
とたずねたところ、呉起はこう答えた。
「敵と戦う場合には、相手の手薄な部分と充実している部分を十分に把握したうえで、弱点に乗じて攻撃を加えなければなりません。具体的に申しあげれば、攻撃を加えてよいのは、次のようなときです。
遠方からかけつけたばかりで、まだ陣形が固まっていないとき
食事をとり終わったばかりで、まだ戦闘態勢をととのえていないとき
移動中で隊形がととのっていないとき
陣地の構築などで疲労困憊しているとき
不利な地形に布陣しているとき
絶好の戦期を失って攻撃の手がかりをつかめないでいるとき
長途の行軍で、遅れてきた後続部隊がまだ休養をとっていないとき
渡河のさい、半数しか渡りおわっていないとき
狭い道や険阻な道を通過しているとき
旌旗が乱れ動いているとき
やたらに陣を移動させているとき
将が部下をしっかりと掌握していないとき
将兵の心が動揺し、恐怖にかられているとき

このような敵に対しては、まずわが精鋭を選んで先制攻撃をかけ、さらに、二次攻撃、三次攻撃でダメ押しをすべきです。いささかもためらう必要はありません」

■『孫子』も語っているように、「実を避けて虚を撃つ」のが兵法の大原則である。ここでは「虚」の情況を十三あげているが、これも実際には、幾つもの条件が複合して起こってくることが多いのではないか。相手に「虚」の情況が多いほど、こちらにとって有利となることは言うまでもない。

武侯《ぶこう》、敵《てき》の必《かなら》ず撃《う》つべきの道《みち》を問《と》う。
起《き》、対《こた》えて曰《いわ》く、「兵《へい》を用《もち》うるには、必《かなら》ずすべからく敵《てき》の虚実《きょじつ》*を審《つまび》らかにして、その危《あや》うきに趨《おもむ》くべし。敵人遠《てきじんとお》く来《き》たりて新《あら》たに至《いた》り、行列《こうれつ》いまだ定《さだ》まらざるは、撃《う》つべし。すでに食《く》らい、いまだ備《そな》えを設《もう》けざるは、撃《う》つべし。奔走《ほんそう》するは、撃《う》つべし。勤労《きんろう》するは、撃《う》つべし。いまだ地《ち》の利《り》を得《え》ざるは、撃《う》つべし。時《とき》を失《うしな》いて従《したが》わざるは、撃《う》つべし。長道《ちょうどう》を渉《わた》り、後《おく》れ行《ゆ》きていまだ息《いこ》わざるは、撃《う》つべし。水《みず》を渉《わた》りて半《なか》ば渡《わた》るは、撃《う》つべし。険道狭路《けんどうきょうろ》は、撃《う》つべし。旌旗《せいき》乱《みだ》れ動《うご》くは、撃《う》つべし。陣《じん》しばしば移動《いどう》するは、撃《う》つべし。将《しょう》、士卒《しそつ》を離《はな》るるは、撃《う》つべし。心怖《こころおそ》るるは、撃《う》つべし。およそかくの若《ごと》き者《もの》は、鋭《えい》を選《えら》びてこれを衝《つ》き、兵《へい》を分《わ》かちてこれに継《つ》ぎ、急《きゅう》に撃《う》ちて疑《うたが》うことなかれ」

武侯問敵必可撃之道。

***敵の虚実** 「虚」は戦力の手薄なこと、「実」とは戦力の充実していること。

起対曰、用兵必須審敵虚実、而趨其危。敵人遠来新至、行列未定、可擊。既食、未設備、可擊。奔走、可擊。勤労、可擊。未得地利、可擊。失時不従、可擊。涉長道、後行未息、可擊。涉水半渡、可擊。険道狭路、可擊。旌旗乱動、可擊。陣数移動、可擊。将離士卒、可擊。心怖、可擊。凡若此者、選鋭衝之、分兵継之、急擊勿疑。

【第三】治《ち》兵《へい》篇

「進《すす》めば重賞《じゅうしょう》あり、退《しりぞ》けば重刑《じゅうけい》あり、これを行《おこ》なうに信《しん》を以《も》ってす」

「上《うえ》の令《れい》に任《にん》ずるは、則《すなわ》ち治《ち》の由《よ》って生《しょう》ずる所《ところ》なり」

「兵戦《へいせん》の場《ば》は、立屍《りっし》の地《ち》なり。死《し》を必《ひっ》すれば則《すなわ》ち生《い》き、生《せい》を幸《こう》すれば則《すなわ》ち死《し》す」

「兵《へい》を用《もち》うるの害《がい》は、猶予《ゆうよ》、最大《さいだい》なり。三軍《さんぐん》の災《わざわ》いは狐疑《こぎ》より生《しょう》ず」

「人《ひと》は常《つね》にその能《よ》くせざる所《ところ》に死《し》し、その便《べん》ならざる所《ところ》に敗《やぶ》る」

「兵《へい》を用《もち》うるの法《ほう》は、教戒《きょうかい》を先《せん》となす」

「近《きん》を以《も》って遠《えん》を待《ま》ち、佚《いつ》を以《も》って労《ろう》を待《ま》ち、飽《ほう》を以《も》って飢《き》を待《ま》つ」

無敵の軍団をつくりあげるには、まず兵士のやる気を引き出し、その上に立って統制を強化するとともに、教育訓練にも力をいれなければならない。

【二】兵士が喜んで戦う理由は何か

武侯がたずねた。

「軍を率いて勝利を収めるためには、何を最も重視すべきか」

呉起が答えた。

「なによりもまず四軽《しけい》、二重《にじゅう》、一信《いっしん》を掌握しなければなりません」

「それは、どういうことか」

「地は馬を軽く感じ、馬は車を軽く感じ、車は人を軽く感じ、人は戦いを軽く感じる。そのように仕向けることが、すなわち四軽にほかなりません。つまり、地形を見きわめたうえで馬を走らせれば、大地は軽々と馬を走らせてくれます。馬は飼《か》いばさえきちんと与えていれば、軽々と車を引いてくれます。車は手入れさえ欠かさなければ、軽々と人を乗せてくれます。それと同じように、人は鋭利な武器と十分な装備を与えられれば、戦うことを苦にしません。

さらに、勝てば重賞を与え、敗ければ重刑を科します。そしてそれを保証するのは、約束したことは必ず守るという〝信〟にほかなりません。二重、一信とは、これを言います。以上のことを実行する者が、結局は勝利を収めるのです」

■自発性を引き出す管理システム　上からの強制や締めつけによる管理システムは、いったん危機の時を迎えると、もろくも崩壊する例が少なくない。その点、構成員の自発性を

重視する管理システムは、一見迂遠なようだが、危機管理のさいに、威力を発揮する。構成員の自発性を引き出す方法はいろいろあろうが、呉起の言う「四軽、二重、一信」も、そのための有力な方法と言ってよい。

武侯《ぶこう》、問《と》うて曰《いわ》く、「兵《へい》を用《もち》うるの道《みち》は、何《なに》をか先《さき》にせん」。起《き》、対《こた》えて曰《いわ》く、「先《ま》ず四軽《しけい》、二《に》重《じゅう》、一信《いっしん》を明《あき》らかにす」。曰《いわ》く、「何《なん》の謂《いい》ぞや」。対《こた》えて曰《いわ》く、「地《ち》をして馬《うま》を軽《かる》しとし、馬《うま》をして車《くるま》を軽《かる》しとし、車《くるま》をして人《ひと》を軽《かる》しとし、人《ひと》をして戦《たたか》いを軽《かる》しとせしむ。明《あき》らかに険易《けんい》を知《し》れば、則《すなわ》ち地《ち》、馬《うま》を軽《かる》しとす。芻秣《すうまつ》＊時《とき》を以《も》ってすれば、則《すなわ》ち馬《うま》、車《くるま》を軽《かる》しとす。膏鐗《こうかん》＊余《あま》りあれば、則《すなわ》ち車《くるま》、人《ひと》を軽《かる》しとす。鋒《ほう》鋭《するど》く甲《こう》堅《かた》ければ、則《すなわ》ち人《ひと》、戦《たたか》いを軽《かる》しとす。進《すす》めば重賞《じゅうしょう》あり、退《しりぞ》けば重《じゅう》刑《けい》あり、これを行《おこ》なうに信《しん》を以《も》ってす。審《つまび》らかに能《よ》くこれに達《たっ》するは、勝《しょう》の主《しゅ》なり」

武侯問曰、用兵之道、何先。起対曰、先明四軽二重一信。曰、何謂也。対曰、使地軽馬、馬軽車、車軽人、人軽戦。明知険易、則地軽馬。芻秣以時、則馬軽車。膏鐗有余、則車軽人。鋒鋭甲堅、則人軽戦。進有重賞、退有重刑、行之以信。審能達之、勝之主也。

＊**芻秣**　馬のかいば。
＊**膏鐗**　車軸に脂を塗ること。

【二】まず軍の管理統制を心がけよ

武侯がたずねた。

「戦争において勝利を決定づける要因とは何か」

呉起が答えた。

「治《ち》、すなわちふだんからの管理統制を心がけることです」

「兵員の量ではないのか」

「軍令が周知せず、賞罰が公平を欠き、停止の合図をしても止まらず、進撃の合図をしても進まない。このような軍では、かりに百万の大軍があったとしても、なんの役にも立ちません。

わたくしの言う治とは、次のようなことです。すなわち、平時においては礼があって秩序正しく、いざとなればたちまち敵を圧倒し、前進すればこれを阻む者がなく、後退すればこれを追う者がない。前進、後退ともに節度があり、左右への展開も命令一下整然と行なわれ、連絡を絶たれても陣容を崩さず、散開しても隊列を崩さない。将兵が一体となって生死を共にし、離間をはかっても結束が固く、いくら戦っても疲れることを知らない。このような軍はいかなる戦場に投入しても敗れる気づかいはありません。これを〝父子の兵〟と称します」

■組織統制法　呉起の言う統制とは、①軍令を周知させること、②賞罰を公平に適用すること、の二つを内容としている。つまり、兵士の自発性に期待することを前提とした統制である。これは、軍だけでなく、すべての組織にあてはまる鉄則であろう。先に述べた『管子』にもこうある。「言、是なれども立つる能《あた》わず、言、非なれども廃する能わず、功あれども賞する能わず、罪あれども誅する能わず。かくの如くして能《よ》く民を治むる者は、いまだこれあらざるなり」（七法篇）

武侯《ぶこう》、問《と》うて曰《いわ》く、「兵《へい》は何《なに》を以《も》って勝《しょう》を為《な》す」。起《き》、対《こた》えて曰《いわ》く、「治《ち》を以《も》って勝《しょう》を為《な》す」。また問《と》うて曰《いわ》く、「衆《しゅう》に在《あ》らざるか」。起《き》、対《こた》えて曰《いわ》く、「若《も》し法令明《ほうれいあき》らかならず、賞罰信《しょうばつしん》ならず、これを金《きん》して止《とど》まらず、これを鼓《こ》して進《すす》まざれば、百万《ひゃくまん》ありと雖《いえど》も何《なん》ぞ用《よう》に益《えき》せん。所謂治《いわゆるち》とは、居《お》れば則《すなわ》ち礼《れい》あり、動《うご》けば則《すなわ》ち威《い》あり、進《すす》めば当《あ》たるべからず、退《しりぞ》けば追《お》うべからず、前却《ぜんきゃく》*節《せつ》あり、左右麾《さゆうき》に応《おう》じ、絶《た》つと雖《いえど》も陣《じん》を成《な》し、散《さん》ずと雖《いえど》も行《こう》を成《な》す。これと安《やす》く、これと危《あや》うし。その衆《しゅう》、合《がっ》すべくして離《はな》すべからず、用《もち》うべくして疲《つか》らすべからず。これを往《ゆ》く所《ところ》に投《とう》じて、天《てん》下当《かあ》たるなし。名《な》づけて父子《ふし》の兵《へい》と曰《い》う」

＊**前却**　進むことと退くこと。

武侯問曰、兵何以為勝。起対曰、以治為勝。又問曰、不在衆乎。起対曰、若法令不明、賞罰不信、金之不止、鼓之不進、雖有百万、何益於用。所謂治者、居則有礼、動則有威、進不可当、退不可追、前却有節、左右応麾、雖絶成陣、雖散成行。与之安、与之危。其衆可合而不可離、可用而不可疲。投之所往、天下莫当。名曰、父子之兵。

【三】戦場に向かうときの心得

軍を率いて戦場に向かうときは、次の三つのことを心がける。

一、進むべきときには進み、止まるべきときには止まる。つまり進退の節度を失わない。

一、兵士は飢えさせてもならないが、飽食させてもならない。つまり、飲食のケジメを失わない。

一、人も馬も過度に使役せず、十分な休息を与える。つまり余力をもたせる。

この三つのことを守れば、与えられた任務を完遂することができるし、また、軍の統制も確立されるのである。

これとは逆に、進退に節度がなく、飲食にケジメがなく、人馬が疲労しているのに休息も与えなければどうなるか。与えられた任務を完遂できないことは明らかである。そうなれば、平時でも統制を欠き、戦えば必ず敗れるであろう。

■戦うまえから兵士に無理を強要していたのでは、いざというとき疲労困憊して力を発揮させることはできない。そうならないためには、ふだんは統制に配慮しながら、余裕をもって力を蓄えておくことが望まれるのである。

呉子《ごし》曰《いわ》く、およそ軍《ぐん》を行《や》るの道《みち》は、進止《しんし》の節《せつ》を犯《おか》すことなく、飲食《いんしょく》の適《てき》を失《うしな》うことなく、人馬《じんば》の力《ちから》を絶《た》つことなし。この三《み》つの者《もの》は、その上《うえ》の令《れい》に任《にん》ずる所以《ゆえん》なり。その上《うえ》の令《れい》に任《にん》ずるは、則《すなわ》ち治《ち》の由《よ》って生《しょう》ずる所《ところ》なり。若《も》し進止《しんし》、度《ど》あらず、飲食《いんしょく》、適《てき》ならず、馬《うま》疲《つか》れ人《ひと》倦《う》みて解舎《かいしゃ》＊せざるは、その上《うえ》の令《れい》に任《にん》ぜざる所以《ゆえん》なり。上《うえ》の令《れい》すでに廃《はい》さるるに、以《も》って居《お》れば則《すなわ》ち乱《みだ》れ、以《も》って戦《たたか》えば則《すなわ》ち敗《やぶ》る。

＊**解舎**　もともとは許して解き放つ、すなわち釈放と同じ意味。ここでは休息させること。

呉子曰、凡行軍之道、無犯進止之節、無失飲食之適、無絶人馬之力。此三者、所以任其上令。任其上令、則治之所由生也。若進止不度、飲食不適、馬疲人倦而不解舍、所以不任其上令。上令既廃、以居則乱、以戦則敗。

【四】死を覚悟してかかれば生き残る

戦場とは、屍《しかばね》をさらす所である。死を覚悟してかかれば生き残り、生きたいと願えば逆に死を免れない。

すぐれた将師は、沈没寸前の船や今にも焼け落ちそうな建物にいる人のように、いつも死を覚悟している。こんな将師にかかっては、どんな智者でも策を弄することができず、どんな勇者でも力を発揮することができない。つまり、どんな敵でも尻尾《しっぽ》を巻いて逃げだしてしまうのである。

したがって、軍を統率するにあたっては、なによりも優柔不断を排すべきである。将が狐疑《こぎ》逡巡すれば、全軍に損害を与えるのだ。

■決断こそ将たる者の条件　このあとの「論将篇」においても、将たる者の心すべきこととして、「果」すなわち決断をあげているが、ここでも、「兵を用うるの害は、猶予、最大なり」と、決断の重要性を指摘する。そして決断は、死を覚悟してかかることによって誤りなきを期することができるのだという。決断は「明鏡止水」の心境で下せということであろう。

呉子《ごし》曰《いわ》く、およそ兵戦《へいせん》の場《ば》は、立屍《りっし》*の地《ち》なり。死《し》を必《ひっ》すれば則《すなわ》ち生《い》き、生《せい》を幸《こう》すれば則《すなわ》ち死《し》す。それ善《よ》く将《しょう》たる者《もの》は、漏船《ろうせん》の中《なか》に坐《ざ》し、焼屋《しょうおく》の下《した》に伏《ふ》すが如《ごと》し。智者《ちしゃ》をして謀《はか》るに及《およ》ばず、勇者《ゆうしゃ》をして怒《いか》るに及《およ》ばざらしむれば、敵《てき》を受《う》くること可《か》なり。故《ゆえ》に曰《いわ》く、兵《へい》を用《もち》うるの害《がい》は、猶予《ゆうよ》、最大《さいだい》なり。三軍《さんぐん》の災《わざわ》いは狐疑《こぎ》*より生《しょう》ず、と。

呉子曰、凡兵戦之場、立屍之地。必死則生、幸生則死。其善将者、如坐漏船之中、伏焼屋之下。使智者不及謀、勇者不及怒、受敵可也。故曰、用兵之害、猶予最大。三軍之災、生於狐疑。

＊**立屍**　屍になる、すなわち死ぬこと。

＊**狐疑**　狐のように疑い深くて、決断できないこと。

【五】兵士の教育訓練を重視せよ

討ち死にや敗北を招く原因は何か。能力が不足し、訓練も不十分だからである。

したがって戦いにあたっては、何よりもまず兵士の教育訓練を重視しなければならない。一人が戦術を習得すれば十人を教えることができる。同様に、十人が百人を教え、百人が千人を、千人が万人を教えれば、全軍の教育訓練が完成する。

戦術の基本とは何か。遠征を避けて遠来の敵を迎え撃ち、充実した戦力をもって疲労した敵に当たり、十分に腹ごしらえして敵の飢えを待つことにほかならない。

では、教育訓練によって何を教えるのか。

円陣を張ったかと思えば方陣になり、伏せたかと思えば起ち、進んだかと思えば止まり、左したかと思えば右し、前進したかと思えば後退し、分散したかと思えば集中し、集合したかと思えば散開する。このような変化に応じた戦い方を反復訓練することにほかならない。これを習得して初めて戦いに臨むことができるのだ。

これはすべて将帥の責任においてなすべきことである。

■教育訓練の原則　教育訓練によって兵士の能力アップをはかることも、将たる者の責任の一つである。ここでは、教育訓練における二つの原則が示されている。

一、その方式においては、ネズミ算式であるべきこと。それだけ早く全軍に訓練を行きわたらせることができる。

一、内容においては、実戦の応用に力を注ぐこと。

呉子《ごし》曰《いわ》く、それ人《ひと》は常《つね》にその能《よ》くせざる所《ところ》に死《し》し、その便《べん》ならざる所《ところ》*に敗《やぶ》る。故《ゆえ》に兵《へい》を用《もち》うるの法《ほう》は、教戒《きょうかい》を先《せん》となす。一人戦《いちにんたたか》いを学《まな》べば十人《じゅうにん》を教《おし》え成《な》し、十人戦《じゅうにんたたか》いを学《まな》べば百人《ひゃくにん》を教《おし》え成《な》し、百人戦《ひゃくにんたたか》いを学《まな》べば千人《せんにん》を教《おし》え成《な》し、千人戦《せんにんたたか》いを学《まな》べば万人《まんにん》を教《おし》え成《な》し、万人戦《まんにんたたか》いを学《まな》べば三軍《さんぐん》を教《おし》え成《な》す。近《きん》を以《も》って遠《えん》を待《ま》ち、佚《いっ》を以《も》って労《ろう》を待《ま》ち*、飽《ほう》を以《も》って飢《き》を待《ま》つ。円《えん》にしてこれを方《ほう》にし、坐《ざ》してこれを立《た》たしめ、行《ゆ》きてこれを止《とど》め、左《ひだり》してこれを右《みぎ》し、前《まえ》にしてこれを後《うしろ》にし、分《わ》けてこれを合《がっ》し、結《むす》びてこれを解《と》く。変《へん》ずる毎《ごと》に皆習《みななら》い、すなわちその兵《へい》を授《さず》く。これを将《しょう》の事《こと》と謂《い》う。

***便ならざる所**　習っていない、不得意なところ。

***佚を以って労を待つ**　「佚」とは疲れていないこと、「労」とは疲れていること。

呉子曰、夫人常死其所不能、敗其所不便。故用兵之法、教戒為先。一人学戦、教成十人、十人学戦、教成百人、百人学戦、教成千人、千人学戦、教成万人、万人学戦、教成三軍。以近待遠、以佚待労、以飽待飢。円而方之、坐而起之、行而止之、左而右之、前而後之、分而合之、結而解之。毎変皆習、乃授其兵。是謂将事。

【六】能力に応じた使い方を

さらに実戦教育は、次の要領で行なう。

背の低い者は接近戦に有利であるから、矛《ほこ》と戟《げき》を習わせる。背の高い者は遠方を望めるから弓矢を習わせる。力の強い者には旌旗《せいき》を持たせ、勇気のある者にはドラや太鼓を持たせる。弱者は後方勤務につかせ、智者は参謀に起用する。同じ郷里の出身者は一つの部隊にまとめて協力させ、分隊ごとに一致団結して行動させる。

一たび太鼓を打って集合を命じ、二たび打って配置につかせ、三たび打って食事をとらせ、四たび打って総点検を命じ、五たび打って出撃準備にかかる。こうして一糸乱れぬ行動がとれるようになって、初めて出撃するのである。

■適材適所の人材活用法　部下の能力を見出し、その能力に応じて使ってやることは、将たる者の責任である。そうあってこそ、組織に活力を与えることができよう。無能な将ほ一ど、使い方のまずさを棚にあげて、人材不足を口にする。

呉子曰《ごしいわ》く、戦《たたか》いを教《おし》うるの令《れい》は、短者《たんじゃ》は矛戟《ぼうげき》を持《も》ち、長者《ちょうじゃ》は弓弩《きゅうど》*を持《も》ち、強者《きょうしゃ》は旌旗《せいき》を持《も》ち、勇者《ゆうしゃ》は金鼓《きんこ》を持《も》ち、弱者《じゃくしゃ》は断養《しよう》に給《きゅう》し、智者《ちしゃ》は謀主《ぼうしゅ》となす。郷里相比《きょうりあいひ》し、什伍《じゅうご》*相保《あいほ》す。一鼓《いっこ》して兵《へい》を整《ととの》え、二鼓《にこ》して陣《じん》を習《なら》い、三鼓《さんこ》して食《しょく》を趨《うなが》し、四鼓《しこ》して弁《べん》を厳《げん》にし、五鼓《ごこ》して行《こう》に就《つ》く。鼓《こ》声《せい》の合《あ》うを聞《き》きて、然《しか》る後《のち》に旗《はた》を挙《あ》ぐ。

呉子曰、教戦之令、短者持矛戟、長者持弓弩、強者持旌旗、勇者持金鼓、弱者給断養、智者為謀主。郷里相比、什伍相保。一鼓整兵、二鼓習陣、三鼓趨食、四鼓厳弁、五鼓就行。聞鼓声合、然後挙旗。

*弓弩　「弩」は発射装置のついた弓。連続的な速射ができて、射程も長かった。

*什伍　「什」は十人、「伍」は五人の小部隊。

【七】前進してはならぬ場合もある

武侯がたずねた。

「全軍を前進、停止させるうえで、何か守るべき原則があるのか」

呉起が答えた。

「〝天竈《てんそう》〟や〝竜頭《りゅうとう》〟に軍を進めることは避けなければなりません。〝天竈〟とは大きな谷の出入口にあたり、〝竜頭〟とは大きな山の端をさします。

また、前進するときには、青竜《せいりゅう》の旗を左に、白虎《びゃっこ》の旗を右に、朱雀《しゅじゃく》の旗を前に、玄武《げんぶ》の旗を後にし、中央に招揺《しょうよう》の旗を掲げ、将はその下で指揮をとらなければなりません。いざ戦わんとするときは、慎重に風の方向を見定め、順風であれば鬨《とき》の声をあげて敵陣にはせむかい、逆風であれば守りを固めて待機します」

■『孫子』の言う「正正の旗、堂堂の陣」ということばが思い出されるではないか。ただし、そういう軍でも進攻を控えなければならない時もあるのだという。軍事行動はそれほど慎重であれ、ということでもある。

武侯《ぶこう》、問《と》うて曰《いわ》く、「三軍《さんぐん》の進止《しんし》、あに道《みち》ありや」。起《き》、対《こた》えて曰《いわ》く、「天竈《てんそう》に当《あ》たることなかれ。竜頭《りゅうとう》に当《あ》たることなかれ。天竈《てんそう》とは大谷《たいこく》の口《くち》なり。竜頭《りゅうとう》とは大山《たいざん》の端《はし》なり。必《かなら》ず青竜《せいりゅう》*を左《ひだり》にし、白虎《びゃっこ》*を右《みぎ》にし、朱雀《しゅじゃく》*を前《まえ》にし、玄武《げんぶ》*を後《うしろ》にし、招揺《しょうよう》*上《うえ》に在《あ》り、事《こと》に下《した》に従《したが》う。まさに戦《たたか》わんとするの時《とき》は、審《つまびら》かに風《かぜ》の従《よ》りて来《き》たる所《ところ》を候《うかが》い、風順《かぜじゅん》なれば致《いた》し呼《よ》んでこれに従《したが》い、風逆《かぜぎゃく》なれば陣《じん》を堅《かた》くして以《も》ってこれを待《ま》つ」

武侯問曰、三軍進止、豈有道乎。起対曰、無当天竈。無当竜頭。天竈者大谷之口。竜頭者大山之端。必左青竜、右白虎、前朱雀、後玄武、招揺在上、従事於下。将戦之時、審候風所従来、風順致呼而従之、風逆堅陣以待之。

*青竜、白虎、朱雀、玄武　もともとは東西南北に位置する星座の名称。ここでは東西南北に布陣した各部隊の軍旗を指す。

*招揺　もともとは星の名称。ここでは中央軍の掲げる指揮官旗をいう。

【八】軍馬にも慎重な配慮が望まれる

武侯がたずねた。

「軍馬の飼育には何かコツでもあるのか」

呉起が答えた。

「まず静かな環境で飼育し、適度に水や草を与えます。多すぎても少なすぎてもいけません。厩舎は、冬には暖かく、夏には涼しくするように配慮し、毛やたてがみは短く刈り、ひづめは慎重に切ってやり、耳目を保護して驚かないようにしてやります。実戦に使うためには、さらに走ること、進むこと、止まることを訓練しなければなりません。鞍、くつわ、手綱などの馬具は、しっかりつけておきます。馬が傷つくのは、訓練の終わるころではなく、乗り始めのときであり、病気になるのは、飢えているときではなく、満腹しているときですから、くれぐれも注意しなければなりません。

行軍中、日が暮れてもまだ目的地に着かないときは、ときどき馬から下りて、馬を休めてやります。人間よりもむしろ馬を疲れさせない心がけが必要でしょう。敵の襲撃に備えるためにも、絶えず馬に余力を持たせておかなければなりません。

この点を十分に心得ていれば、天下無敵の強さを発揮することができます」

■軍馬の役割　戦国時代の戦いは、車戦から騎馬戦への過度期にあった。車戦といっても、

——馬に引かせる車であったから、軍馬がきわめて重要な役割を果たしたことには変わりがない。

武侯《ぶこう》、問《と》うて曰《いわ》く、「およそ車騎《しゃき》を畜《やしな》うに、あに方《ほう》ありや」。起《き》、対《こた》えて曰《いわ》く、「それ馬《うま》は必《かなら》ずその処《お》る所《ところ》を安《やす》んじ、その水草《すいそう》を適《てき》にし、その飢《き》飽《ほう》を節《せつ》にす。冬《ふゆ》は則《すなわ》ち廐《うまや》を温《あたた》かくし、夏《なつ》は則《すなわ》ち廡《ひさし》を涼《すず》しくす。毛鬣《もうりょう》を刻剔《こくてき》し、謹《つつし》みて四下《しげ》＊を落《お》とし、その耳目《じもく》を戢《おさ》め、驚駭《けいがい》せしむることなかれ。その馳逐《ちちく》を習《なら》わせ、その進止《しんし》を閑《なら》わせ、人馬《じんば》相親《あいした》しむ。然《しか》る後《のち》に使《つか》うべし。車騎《しゃき》の具《ぐ》、鞍勒銜轡《あんろくがんぴ》、必《かなら》ず完堅《かんけん》ならしむ。およそ馬《うま》は末《すえ》に傷《そこな》われず、必《かなら》ず始《はじ》めに傷《そこな》わる。飢《き》に傷《そこな》われず、必《かなら》ず飽《ほう》に傷《そこな》わる。日《ひ》暮《く》れて道遠《みちとお》ければ、必《かなら》ずしばしば上下《じょうげ》す。むしろ人《ひと》を労《ろう》するとも、慎《つつし》みて馬《うま》を労《ろう》することなかれ。常《つね》に余《あま》りあらしめ、敵《てき》の我《われ》を覆《おそ》うに備《そな》えよ。能《よ》くこれに明《あきら》かなる者《もの》は、天下《てんか》に横行《おうこう》す」

武侯問曰、凡畜車騎、豈有方乎。起対曰、夫馬必安其処所、適其水草、節其飢飽。冬則温廐、夏則涼廡。刻剔毛鬣、謹落四下、戢其耳目、無令驚駭。習其馳逐、閑其進止、人馬相親。然後可使。車騎之具、鞍勒銜轡、必令完堅。凡馬不傷於末、必傷於始。不傷於飢、必傷於飽。日暮道遠、必数上下。寧労於人、慎勿労馬。常令有余、備敵覆我、能明此者、横行天下。

＊**四下**　馬の四本足のひづめ。

【第四】

論《ろん》将《しょう》篇

「人《ひと》の将《しょう》を論《ろん》ずるや、常《つね》に勇《ゆう》に観《み》る。勇《ゆう》の将《しょう》に於《お》けるは、すなわち数分《すうぶん》の一《いち》のみ」

「将《しょう》の慎《つつし》む所《ところ》のもの五《ご》あり。一《いち》に曰《いわ》く、理《り》。二《に》に曰《いわ》く、備《び》。三《さん》に曰《いわ》く、果《か》。四《し》に曰《いわ》く、戒《かい》。五《ご》に曰《いわ》く、約《やく》」

「師《し》出づるの日《ひ》には、死《し》の栄《ほまれ》ありて生《せい》の辱《はずかし》めなし」

「威徳仁勇《いとくじんゆう》は、必《かなら》ず以《も》って下《した》を率《ひき》い衆《しゅう》を安《やす》んじ、敵《てき》を怖《おど》し、疑《うたが》いを決《けつ》するに足《た》る」

「耳《みみ》は声《こえ》に威《お》ず、清《せい》ならざるべからず。目《め》は色《いろ》に威《お》ず、明《めい》ならざるべからず。心《こころ》は刑《けい》に威《お》ず、厳《げん》ならざるべからず」

「戦《たたか》いの要《よう》は、必《かなら》ず先《ま》ずその将《しょう》を占《うらな》いてその才《さい》を察《さっ》す」

「その将愚《しょうぐ》にして人《ひと》を信《しん》ずるは、詐《いつわ》りて誘《さそ》うべし。貪《むさぼ》りて名《な》を忽《ゆるがせ》にするは、貨《か》もて賂《まいな》うべし」

「勇」は将たる者の条件の何分の一かにすぎないとして、さまざまな角度から将の条件を分析する。同時に、敵将の賢愚を見分けるコツも伝授する。

【二】死の栄《ほまれ》ありて生の辱めなし

軍を統率するには、文と武の両者に通暁しなければならない。勝利をかちとるには、剛と柔の運用に熟達しなければならない。一般の人が将師の資格を論じる場合、とかく、勇気だけを重視する。だが、勇気は、将師の条件の何分の一かにすぎない。勇者は前後のみさかいもなく戦いをしかける。このような全局的判断を欠いた戦いは、絶対に避けなければならない。

将師の心すべきことは、五つある。

一、理（管理）。二、備（準備）。三、果（決断）。四、戒（慎重）。五、約（簡素）。

「理」とは、大勢の部下をまとめて、打って一丸とさせることである。

「備」とは、いったん城門を出た以上、いつでも戦う備えを怠らないことである。

「果」とは、敵と対陣したとき、生きようとする気持を捨てることである。

「戒」とは、戦いに勝っても、戦いを始めるまえの緊張感を失わないことである。

「約」とは、形式的な規則を廃止して、軍令を簡素化することである。

ひとたび出陣の命令を受けたならば、喜んで命令に服し、敵を撃破するまでは帰還を口にしない。これが将師たる者の礼である。したがって、いざ出陣のときには、名誉の死はあっても、生き恥はさらさないものと心得なければならない。

■「勇の将に於けるは、すなわち数分の一のみ」とは至言である。「勇」とは勇気、さらに言えば、決断力ということになる。これは将たる者にとって大切な条件の一つであるが、しかし、これだけが突出すると、進むことだけを知って退くことを知らない「匹夫《ひっぷ》の勇」になる恐れがある。そうなったのでは、将師失格と言わざるをえない。

呉子《ごし》曰《いわ》く、それ文武《ぶんぶ》を総《す》ぶるは軍《ぐん》の将《しょう》なり。剛柔《ごうじゅう》を兼《か》ぬるは兵《へい》の事《こと》なり。およそ人《ひと》の将《しょう》を論《ろん》ずるや、常《つね》に勇《ゆう》に観《み》る。勇《ゆう》の将《しょう》に於《お》けるは、すなわち数分《すうぶん》の一《いち》のみ。それ勇《ゆう》なる者《もの》は、必《かなら》ず軽《かろがろ》しく合《あ》う。軽《かろがろ》しく合《あ》いて利《り》を知《し》らざるは、いまだ可《か》ならざるなり。故《ゆえ》に将《しょう》の慎《つつし》む所《ところ》のもの五《ご》あり。一《いち》に曰《いわ》く、理《り》。二《に》に曰《いわ》く、備《び》。三《さん》に曰《いわ》く、果《か》。四《し》に曰《いわ》く、戒《かい》。五《ご》に曰《いわ》く、約《やく》。理《り》とは、衆《しゅう》を治《おさ》むること寡《か》を治《おさ》むるが如《ごと》し。備《び》とは、門《もん》を出《い》づれば敵《てき》を見《み》るが如《ごと》し。果《か》とは、敵《てき》に臨《のぞ》みて生《せい》を懐《おも》わず。戒《かい》とは、克《か》つと雖《いえど》も始《はじ》めて戦《たたか》うが如《ごと》し。約《やく》とは、法令《ほうれい》省《はぶ》きて煩《わずら》わしからず。命《めい》を受《う》けて辞《じ》せず、敵破《てきやぶ》れて後《のち》に返《かえ》るを言《い》うは、将《しょう》の礼《れい》なり。故《ゆえ》に師《し》出《い》づるの日《ひ》には、死《し》の栄《ほまれ》ありて生《せい》の辱《はずかし》めなし。

呉子曰、夫総文武者軍之将也。兼剛柔者兵之事也。凡人論将、常観於勇。勇之於将、乃数分之一耳。夫勇者必軽合。軽合而不知利、未可也。故将之所慎者五。一曰、理。二曰、備。三曰、果。四曰、戒。五曰、約。理者治衆如治寡。備者出門如見敵。果者臨敵不懐生。戒者雖克如始戦。約者法令省而不煩。受命而不辞、敵破而後言返、将之礼也。故師出之日、有死之栄、無生之辱。

【二】勝利するためには四機を把握せよ

勝利をかちとるためには、「四機《しき》」すなわち四つのポイントを把握しなければならない。「四機」とは、次のことを指す。

一、気機。二、地機。三、事機。四、力機。

一、たとい三軍の将兵、百万の大軍を動かす場合でも、その運用よろしきを得るかどうかは、ただ一人将帥の決断にかかっている。これを「気機」という。

二、道が狭くて険しく、名だたる山岳が行く手をさえぎっている地形に布陣すれば、十人でよく千人の敵を撃退することができる。これを「地機」という。

三、たくみに間諜を使い、同時に、機動部隊を出没させて攪乱すれば、敵の団結を乱し、内部分裂をさそうことができる。これを「事機」という。

四、兵車の車軸やくさびを堅固にし、舟の櫓や楫《かじ》の手入れを怠らず、兵卒には十分な戦闘訓練をほどこし、軍馬の調教も欠かさない。これを「力機」という。

この四つのポイントを把握してこそ、将帥と言えるのである。

だが、これだけではまだ十分でない。さらに、威、徳、仁、勇の四つの条件をそなえなければならない。そうあってこそ初めて部下を統率し、人民を安心させ、敵を威圧し、ためらうことなく決断を下すことができる。また、そうあってこそ部下はけっして命令に違反せず、敵もあえて立ち向かってこないのだ。

こういう将師がいれば国は強くなり、いなければ滅亡を免れない。

こういう将師こそ、まことの「良将」である。

■将たる者の条件 ここで呉起のあげる将たる者の条件をまとめておくと、次のようになる。

一、理、備、果、戒、約

二、気、地、事、力の四つの機を把握すること

三、威、徳、仁、勇

三の人格的な要件をもそなえて、初めて将たる者の条件が完結するのである。

呉子曰《ごしいわ》く、およそ兵《へい》に四機《しき》あり。一《いち》に曰《いわ》く、気機《きき》。二《に》に曰《いわ》く、地機《ちき》。三《さん》に曰《いわ》く、事機《じき》。四《し》に曰《いわ》く、力機《りきき》。三軍《さんぐん》の衆《しゅう》、百万《ひゃくまん》の師《し》、軽重《けいちょう》を張設《ちょうせつ》すること一人《いちにん》に在《あ》り。これを気機《きき》と謂《い》う。路狭《みちせま》く道《みち》険《けわ》しく、名山大塞《めいざんたいさい》、十夫《じっぷ》の守《まも》る所《ところ》、千夫《せんぷ》も過《す》ぎず。これを地機《ちき》と謂《い》う。善《よ》く間諜《かんちょう》を行《おこ》ない、軽兵《けいへい》往来《おうらい》して、その衆《しゅう》を分散《ぶんさん》し、その君臣《くんしん》をして相怨《あいうら》み、上下《じょうげ》をして相咎《あいとが》めしむ。これを事機《じき》と謂《い》う。車《くるま》は管轄《かんかつ》を堅《かた》くし、舟《ふね》は櫓楫《ろしゅう》を利《り》にし、士《し》は戦陣《せんじん》を習《なら》い、馬《うま》は馳逐《しちく》を閑《なら》う。これを力機《りきき》と謂《い》う。この四《よ》つのものを知《し》れば、すなわち将《しょう》たるべし。然《しか》れどもその威徳仁勇《いとくじんゆう》は、必《かなら》ず以《も》って下《した》を率《ひき》い衆《しゅう》を安《やす》んじ、敵《てき》を怖《おど》し、疑《うたが》いを決《けっ》するに足《た》る。令《れい》を施《ほどこ》して、下《した》、犯《おか》さず、在《あ》る所《ところ》、寇《こう》、敢《あえ》て敵《てき》せず。これを得《え》て国強《くにつよ》く、これを去《さ》りて国亡《くにほろ》ぶ。これを良将《りょうしょう》と謂《い》う。

呉子曰、凡兵有四機。一曰、気機。二曰、地機。三曰、事機。四曰、力機。三軍之衆、百万之師、張設軽重在於一人。是謂気機。路狭道険、名山大塞、十夫所守、千夫不過。是謂地機。善行間諜、軽兵往来、分散其衆、使其君臣相怨、上下相咎。是謂事機。車堅管轄、舟利櫓楫、士習戦陣、馬閑馳逐。是謂力機。知此四者、乃可為将。然其威徳仁勇、必足以率下安衆、怖敵決疑。施令而下不犯、所在寇不敢敵。得之国強、去之国亡。是謂良将。

【三】指揮命令系統を確立すべし

ドラや太鼓は耳を刺激して命令に従わせる手段である。また、旗幟《きし》は目を刺激し、刑罰は心を刺激して命令に従わせる手段である。

耳は音によって刺激されるので、ドラや太鼓はハッキリと鳴らさなければならない。

目は色によって刺激されるので、旗幟はあざやかな色を使用しなければならない。

心は刑によって刺激されるので、刑罰は厳しく適用しなければならない。

この三つのことが確立されなければ、いつか必ず敵にしてやられるであろう。

「将帥が指図すれば部下はこれに従って動き、将帥が下知すれば、部下は死を恐れずに突き進む」とは、このことを言っているのである。

■危機管理の命令伝達

指揮命令系統があやまりなく作動するかどうかは、危機管理の重要なポイントとなる。呉起の時代の伝達系統は、将帥→兵卒の単純な関係にすぎなかったが、それでも呉起はその重要性を指摘してやまない。

呉子《ご し》曰《いわ》く、それ鼙鼓金鐸《へいこきんたく》*は耳《みみ》を威《おど》す所以《ゆえん》、旌旗麾幟《せいきき し》は目《め》を威《おど》す所以《ゆえん》、禁令刑罰《きんれいけいばつ》は心《こころ》を威《おど》す所以《ゆえん》なり。耳《みみ》は声《こえ》に威《お》ず、清《せい》ならざるべからず。目《め》は色《いろ》に威《お》ず、明《めい》ならざるべからず。心《こころ》は刑《けい》に威《お》ず、厳《げん》ならざるべからず。三《み》つのもの立《た》たざれば、その国《くに》を有《たも》つと雖《いえど》も、必《かなら》ず敵《てき》に敗《やぶ》らる。故《ゆえ》に曰《いわ》く、将《しょう》の麾《さしまね》く所《ところ》、従《したが》い移《うつ》らざるなく、将《しょう》の指《さ》す所《ところ》、前《すす》み死《し》せざるなし、と。

呉子曰、夫鼙鼓金鐸所以威耳、旌旗麾幟所以威目、禁令刑罰所以威心。耳威於声、不可不清。目威於色、不可不明。心威於刑、不可不厳。三者不立、雖有其国、必敗於敵。故曰、将之所麾莫不従移、将之所指、莫不前死。

*鼙鼓金鐸 「鼙鼓」は小さな鼓、「金鐸」は金属製の鈴。ともに号令を伝えるもの。

【四】相手の情況に応じて臨機応変に

勝利をかちとる作戦の秘訣は、次の諸点にある。

まず敵将の器量や才能を十分に調査したうえで、相手の出方に応じて臨機応変に戦う。こうすれば、労せずして成果をあげることができる。

敵将が凡庸で軽々しく人を信ずるような人物であれば、ペテンにかけて誘いだす。

貪欲で恥知らずな人間であれば、財貨を与えて買収する。

一本調子で策に乏しい人間であれば、策略を用いて奔命に疲れさせる。

上の者が財力や権力をふりまわし、下の者が貧困にあえいで不満を抱いているならば、さらに離間策を講じて分裂をはかる。

敵の作戦行動に迷いが多く、部下が将の指揮に不安を感じていれば、おどしの攻撃をかけて壊走させる。

部下が将を軽視して戦おうとせず、帰心を抱いているならば、これを包囲して平坦な道をふさぎ、険しい道をあけておいて、いっきに殲滅《せんめつ》する。

敵が前進に容易で後退に困難な状態にあれば、誘いをかけて前進させる。

逆に、前進に困難で後退に容易な状態にあれば、こちらから進攻して決戦を強要する。

敵が水のはけ口のない湿地に布陣し、しかも長雨に悩まされているならば、水攻めに訴える。

また雑草の生い茂った原野に布陣し、しかも強い風が吹きまくっていれば、火攻めをかけて壊滅させる。

一カ所に駐屯して移動せず、将兵が戦いに飽きて警戒を怠っているならば、不意打ちをかけるのが上策である。

■戦い方にも基本原則というものがある。ただし、それを理解しただけでは不十分であって、どう臨機応変に使いこなせるかが、勝利を収める鍵になる。ここでも敵情に応じた戦い方を幾つもあげている。たしかに、こういう柔軟な戦い方ができれば、勝てる可能性は

―ずいぶん高くなるにちがいない。

呉子《ごし》曰《いわ》く、およそ戦《たたか》いの要《よう》は、必《かなら》ず先《ま》ずその将《しょう》を占《うらな》いてその才《さい》を察《さっ》す。形《けい》に因《よ》りて権《けん》を用《もち》うれば、則《すなわ》ち労《ろう》せずして功挙《こうあ》がる。その将愚《しょうぐ》にして人《ひと》を信《しん》ずるは、詐《いつわ》りて誘《さそ》うべし。貪《むさぼ》りて名《な》を忽《ゆるがせ》にするは、貨《か》もて賂《まいな》うべし。変《へん》を軽《かろ》んじ謀《ぼう》なきは、労《ろう》して困《くる》しましむべし。上富《うえと》みて驕《おご》り、下貧《したまず》しくして怨《うら》むは、離《はな》して間《かん》すべし。進退疑《しんたいうたが》い多《おお》く、その衆依《しゅうよ》ることなきは、震《ふる》わして走《はし》らしむべし。士《し》、その将《しょう》を軽《かろ》んじて帰志《きし》あるは、易《い》を塞《ふさ》ぎ険《けん》を開《ひら》き、邀《むか》えて取《と》るべし。進道易《しんどうやす》く退道難《たいどうかた》きは、来《き》たりて前《すす》ましむべし。進道険《しんどうけわ》しく退道易《たいどうやす》きは、薄《せま》りて撃《う》つべし。軍《ぐん》を下湿《かしつ》に居《お》き、水通《みずつう》じる所《ところ》なく、霖雨《りんう》しばしば至《いた》るは、灌《そそ》ぎて沈《しず》むべし。軍《ぐん》を荒沢《こうたく》に居《お》き、草楚幽穢《そうそゆうあい》、風飆《ふうひょう》しばしば至《いた》るは、焚《や》きて滅《ほろ》ぼすべし。停《とど》まること久《ひさ》しくして移《うつ》らず、将士懈怠《しょうしけたい》して、その軍備《ぐんそな》えざるは、潜《ひそ》かに襲《おそ》うべし。

呉子曰、凡戦之要、必先占其将而察其才。因形而用権、則不労而功挙。其将愚而信人、可詐而誘。貪而忽名、可貨而賂。軽変無謀、可労而困。上富而驕、下貧而怨、可離而間。進退多疑、其衆無依、可震而走。士軽其将而有帰志、塞易開険、可邀而取。進道易退道難、可来而前。進道険退道易、可薄而撃。居軍下湿、水無所通、霖雨数至、可灌而沈。居軍荒沢、草楚幽穢、風飆数至、可焚而滅。停久不移、将士懈怠、其軍不備、可潜而襲。

【五】敵将を見分けるには、誘って反応を見よ

武侯がたずねた。

「敵と相対して、敵将のことが何もわかっていないとき、それを知るにはどうすればよいか」

呉起が答えた。

「身分が低くて勇気のある者を将に選び、これに精鋭部隊を与えて攻めさせてみるのです。敵が反撃してきても、ほどほどにあしらって、けっして本気で戦ってはなりません。こうして敵の動きを観察するのです。もし敵の動きがすべての面で整然としており、こちらが逃げても、わざと追いつけないふりをし、利益で誘っても、わざと気づかぬふりをしているようなら、智将と言ってよいでしょう。うかつに戦いをしかけてはなりません。

これとは逆に、敵の隊伍がバラバラで旌旗も乱れ、兵卒は自分勝手に行動して統制がとれず、こちらが逃げて誘いをかければ見境いもなく追ってき、利益をちらつかせれば、やみくもにとびついてくる。これは明らかに愚将と言えましょう。これなら、敵がどれほどの大軍であろうと、撃ち破ることができます」

■戦っている相手の指揮官がどんな人物なのか、どんな性格でどんな戦い方をするのか、どんな欠点を持っているのか。こういう情報を入手してかかることも、勝利する条件の一つと言ってよい。ここで語っているのは、わざと仕掛けてみて、相手がどう対応するかで

一手の内がわかるというのである。それさえわかれば、後の対策も立てやすい。

武侯《ぶこう》、問《と》うて曰《いわ》く、「両軍相望《りょうぐんあいのぞ》みてその将《しょう》を知《し》らず。我《われ》これを相《そう》せんと欲《ほっ》す。その術如何《じゅついかん》」

起《き》、対《こた》えて曰《いわ》く、「賤《いや》しくして勇《ゆう》ある者《もの》をして、軽鋭《けいえい》を将《ひき》いて以《もっ》てこれを嘗《こころ》み、北《に》ぐるを務《つと》めて、得《う》るを務《つと》むるなからしむ。敵《てき》の来《き》たるを観《み》るに、一坐一起《いちざいっき》、その政《せい》は以《もっ》て理《おさ》まり、その北《に》ぐるを追《お》うに佯《いつ》わりて及《およ》ばざるを為《な》し、その利《り》を見《み》ては佯《いつ》わりて知《し》らざるを為《な》す。かくの如《ごと》き将《しょう》は、名《な》づけて智将《ちしょう》となす。与《とも》に戦《たたか》うことなかれ。若《も》しその衆讙譁《しゅうけんか》し、旌旗煩乱《せいきはんらん》し、その卒自《そつみずか》ら行《ゆ》き自《みずか》ら止《とど》まり、その兵或《へいある》いは縦或《しょうある》いは横《おう》、その北《に》ぐるを追《お》うに及《およ》ばざるを恐《おそ》れ、利《り》を見《み》ては得《え》ざるを恐《おそ》る。これを愚将《ぐしょう》となす。衆《おお》しと雖《いえど》も獲《う》べし」

武侯問曰、両軍相望、不知其将。我欲相之。其術如何。起対曰、令賤而勇者、将軽鋭以嘗之、務於北、無務於得。観敵之来、一坐一起、其政以理、其追北佯為不及、見其利、佯為不知。如此将者、名為智将。勿与戦也。若其衆讙譁、旌旗煩乱、其卒自行自止、其兵或縦或横、其追北恐不及、見利恐不得。此為愚将。雖衆可獲。

【第五】

応《おう》変《へん》篇

「三軍《さんぐん》威《い》に服《ふく》し、士卒《しそつ》命《めい》を用《もち》うれば、則《すなわ》ち戦《たたか》うに強敵《きょうてき》なく、攻《せ》むるに堅陣《けんじん》なし」

「衆《しゅう》を用《もち》うるは易《い》を務《つと》め、少《しょう》を用《もち》うるは隘《あい》を務《つと》む」

「彼《かれ》衆《おお》く我《われ》寡《すくな》ければ、方《ほう》を以《も》ってこれに従《したが》え」

「審《つまび》らかにその治《ち》を察《さっ》し、乱《みだ》るれば則《すなわ》ちこれを撃《う》ちて疑《うたが》うことなかれ」

「敵《てき》若《も》し水《みず》を絶《わた》らば、半《なか》ば渡《わた》らしめてこれに薄《せま》れ」

戦争には相手がいる以上、相手の情況に応じて臨機応変に戦わなければならない。だが、「応変」とは言っても、そこにはやはり一応の原則がある。

【二】命令伝達の方法を確立せよ

武侯がたずねた。

「兵車は堅牢で軍馬は優秀、将帥は勇気にあふれ、兵卒は精強――このような軍でも、不意に敵と遭遇すれば、混乱して隊伍を乱すことがある。そうならないためには、どうすればよいか」

呉起が答えた。

「それにはふだんから命令伝達の方法を確立しておかなければなりません。すなわち、昼は、旌《せい》旗《き》や幟《のぼり》を使って命令を伝達し、夜はドラや太鼓、笛などを使って伝達します。旌旗や幟を左に振れば左に進み、右に振れば右に進む。太鼓を鳴らせば前進、ドラを打てば停止、笛を一度吹けば散開、二度吹けば集合する。命令に従わない者は誅殺しなければなりません。

ふだんからこのような訓練をつんでいれば、全軍が威令に服し、喜んで命令に従いましょう。そうなれば、どんな強敵でも攻め破り、どんな堅陣でも攻め落とすことができます」

■不意に敵と遭遇したようなときにこそ、その軍の真価が試されるのである。かりに一旦は隊列を乱しても、すぐに態勢を立て直して応戦できないようでは、ほんとうに強い軍とは言えない。そのためには何が必要なのか。ふだんの訓練以外にないのだという。

武侯《ぶこう》、問《と》うて曰《いわ》く、「車堅《くるまかた》く馬良《うまよ》く、将勇《しょうゆう》に兵強《へいつよ》きに、卒《にわか》に敵人《てきじん》に遇《あ》い、乱《みだ》れて行《こう》を失《うしな》わば、

則《すなわ》ちこれを如何《いかに》せん」

起《き》、対《こた》えて曰《いわ》く、「およそ戦《たたか》いの法《ほう》、昼《ひる》は旌旗旛麾《せいきはんき》*を以《も》って節《せつ》となし、*夜《よる》は金鼓笳笛《きんこかてき》を以《も》って節《せつ》となす。左《ひだり》に麾《さしまね》きて左《ひだり》し、右《みぎ》に麾《さしまね》きて右《みぎ》し、これを鼓《こ》すれば則《すなわ》ち進《すす》み、これを金《きん》すれば則《すなわ》ち止《とど》まり、一《ひと》たび吹《ふ》きて行《ゆ》き、再《ふたた》び吹《ふ》きて聚《あつ》まる。令《れい》に従《したが》わざる者《もの》は誅《ちゅう》す。三軍《さんぐん》威《い》に服《ふく》し、士卒《しそつ》命《めい》を用《もち》うれば、則《すなわ》ち戦《たたか》うに強敵《きょうてき》なく、攻《せ》むるに堅陣《けんじん》なし」


武侯問曰、車堅馬良、将勇兵強、卒遇敵人、乱而失行、則如之何。

起対曰、凡戦之法、昼以旌旗旛麾為節、夜以金鼓笳笛為節。麾左而左、麾右而右、鼓之則進、金之則止、一吹而行、再吹而聚。不従令者誅。三軍服威、士卒用命、則戦無強敵、攻無堅陣矣。

【二】味方が小勢のときは狭い地形を

武侯がたずねた。

「多勢に無勢の不利な戦いは、いかなる戦術で戦うべきか」

「平坦地は大軍の移動に有利ですから、これを避けて、狭い地形で戦うべきです。諺にも『一の兵力で十の敵と戦うなら狭い道を選べ。十の兵力で百の敵と戦うなら険しい山地を選べ。千の兵力で万の敵と戦うなら狭い谷間を選べ』とあります。たとえ小勢でも、狭い地形を選び、ドラや太鼓を打ち鳴らして不意打ちをかければ、どんな大軍でも驚きあわてざるをえません。『大軍を

＊旛麾 竿の先に垂れ下げた長い旗。
＊節となす 行動に節目をつける。

動かすときは平坦な地を選べ。小部隊を率いるときは狭隘な地を選べ』というのは、そのことを指しているのです」

■主導権の確保　兵力十倍の敵を相手に戦うときは狭い地形を選べというのは、主導権の確保に有利だからである。狭い地形なら、敵はせっかくの大軍団を集結させることができない。『孫子』にも、「こちらがかりに一つに集中し、敵が十に分散したとする。それなら、十の力で一つの力を相手にすることになる」（虚実篇）とある。

武侯《ぶこう》、問《と》うて曰《いわ》く、「若《も》し敵衆《てきおお》く我寡《われすくな》きときは、これを為《な》すこと奈何《いかん》」

起《き》、対《こた》えて曰《いわ》く、「これを易《い》に避《さ》け、これを阨《あい》に邀《むか》えよ。故《ゆえ》に曰《いわ》く、一《いち》を以《も》って十《じゅう》を撃《う》つは、阨《あい》より善《よ》きはなく、十《じゅう》を以《も》って百《ひゃく》を撃《う》つは、険《けん》より善《よ》きはなく、千《せん》を以《も》って万《まん》を撃《う》つは、阻《そ》より善《よ》きはなし、と。今《いま》、少卒《しょうそつ》あり。卒《にわか》に起《お》こりて阨路《あいろ》に撃金鳴鼓《げききんめいこ》すれば、大衆《たいしゅう》ありと雖《いえど》も、驚動《きょうどう》せざるなし。故《ゆえ》に曰《いわ》く、衆《しゅう》を用《もち》うるは易《い》を務《つと》め、少《しょう》を用《もち》うるは隘《あい》を務《つと》む、と」

武侯問曰、若敵衆我寡、為之奈何。

起対曰、避之於易、邀之於阨。故曰、以一撃十、莫善於阨、以十撃百、莫善於険、以千撃万、莫善於阻。今有少卒。卒起撃金鳴鼓於阨路、雖有大衆、莫不驚動。故曰、用衆者務易、用少者務隘。

【三】勝てぬとみたら素早く撤退を

武侯がたずねた。

「こんな敵がいるとする。大軍団でつわものぞろい、しかも後ろには大山、前には険阻な地形、右には山、左には川という理想的布陣。そのうえ、濠を深く、塁を高くし、強弩を配置して守りを固め、撤退するときは大山の移動するように、進撃するときは疾風のように激しく、糧食もまた十分にたくわえている。このような敵に長期戦を挑んでも不利を免れない。勝機をつかむにはどうすればよいか」

呉起が答えた。

「これは重要な問題です。たんなる戦力比較の問題ではなく、すぐれて大局的な戦略判断が必要とされましょう。

勝つためにはまず、兵車千台、騎馬一万にそれぞれ歩兵を配置し、これを五軍に分け、各軍を交通の要衝に駐屯させます。こうすれば敵は味方のどこを攻撃すべきか戸惑いましょう。もし敵が攻撃を見合わせて守りを固めれば、間諜を送りこんで相手の動きを探らせ、そのうえで使者を送って和平交渉を申し入れます。敵が交渉を受け入れて撤退すれば、それでよし、もし使者を斬り親書を焼いて和平交渉を拒否すれば、五軍をつぎつぎに繰り出して戦います。ただし、勝っても、深追いしてはなりません。勝てぬとみたら、さっと撤退することです。こうして、わざと逃げて敵を誘いこみ、戦力を温存しながら、機を見てすばやく襲撃する。一軍は敵の正面に立ちふさがり、一軍は敵の背後に回り、さらに側面に配置された二軍が、右からも左からも音を立てずにしのび寄る。このように、五軍がつぎつぎに攻撃をしかければ、わが軍の勝利はまちがいありません。これが強敵に勝利を収める方法であります」

■ヒット・アンド・アウェイ 強大な敵と対した場合、かつての日本軍は兵士の敢闘精神に期待して、正面突破の玉砕戦法を多用した。日本人のこういう精神風景は今日でもあまり変わっていない。この点でも、中国人の発想法は明らかに日本人のそれとは異なっている。このくだりをまとめれば、次の二点になろう。①兵力を分散する。こうすれば、決定的な損害を回避できるばかりでなく、攻撃に回ったとき、二次、三次、四次……と連続攻撃をかけることができる。②ヒット・アンド・アウェイ戦術を採用する。こうすれば、戦力を温存しながら敵を奔命に疲れさせることができる。

以上二つの特徴は、けっして無理な戦いをしないということにつきている。かつて毛沢東の得意とした遊撃戦術も、この二つの特徴を生かしたものであった。

武侯《ぶこう》、問《と》うて曰《いわ》く、「師《し》あり甚《はなは》だ衆《おお》く、すでに武《ぶ》、かつ勇《ゆう》、大《だい》を背《せ》にし険《けん》を阻《へだ》て、山《やま》を右《みぎ》にし水《みず》を左《ひだり》にし、溝《みぞ》を深《ふか》くし塁《るい》を高《たか》くし、守《まも》るに強弩《きょうど》を以《も》ってし、退《しりぞ》くこと山《やま》の移《うつ》るが如《ごと》く、進《すす》むこと風雨《ふうう》の如《ごと》く、糧食《りょうしょく》また多《おお》く、与《とも》に長《なが》く守《まも》り難《がた》きは、則《すなわ》ちこれを如何《いかに》せん」

起《き》、対《こた》えて曰《いわ》く、「大《だい》なるかな問《と》いや。これ車騎《しゃき》の力《ちから》に非《あら》ず、聖人《せいじん》の謀《ぼう》なり。能《よ》く千乗万騎《せんじょうまんき》を備《そな》え、これに徒歩《とほ》を兼《か》ね、分《わ》けて五軍《ごぐん》となし、各一衢《おのおのいっく》*に軍《ぐん》せよ。それ五軍五衢《ごぐんごく》すれば、敵人必《てきじんかなら》ず惑《まど》い、加《くわ》うる所《ところ》を知《し》るなし。敵若《てきも》し堅《かた》く守《まも》りて以《も》ってその兵《へい》を固《かた》くせば、急《きゅう》に間諜《かんちょう》を行《や》りて以《も》ってその慮《りょ》を観《み》よ。彼《かれ》、吾《わ》が説《ぜい》を聴《き》かば、これを解《と》きて去《さ》らん。吾《わ》が説《ぜい》を聴《き》かず、使《つか》いを斬《き》り書《しょ》を焚《や》かば、分《わ》けて五戦《ごせん》を為《な》し、戦《たたか》い勝《か》つとも追《お》うことなかれ。勝《か》たずんば疾《と》く走《はし》れ。かくの如《ごと》く佯《いつわ》り北《に》げ、安《しず》かに行《ゆ》き疾《と》く闘《たたか》い、一《いち》はその前《まえ》に結《むす》び、一《いち》はその後《うしろ》を絶《た》ち、両軍枚《りょうぐんばい》を銜《ふく》み*、或《あるい》は左《ひだり》し或《あるい》は右《みぎ》して、その処《ところ》を襲《おそ》え。五軍《ごぐん》交《こもごも》至《いた》れば、必《かなら》ずその利《り》あり。これ強《きょう》を撃《う》つの道《みち》なり」

武侯問曰、有師甚衆、既武且勇、背大阻険、右山左水、深溝高塁、守以強弩、退如山移、進如風雨、糧食又多、難与長守、則如之何。

起対曰、大哉問乎。此非車騎之力、聖人之謀也。能備千乗万騎、兼之徒歩、分為五軍、各軍一衢。夫五軍五衢、敵人必惑、莫知所加。敵若堅守以固其兵、急行間諜以観其慮。彼聴吾説、解之而去。不聴吾説、斬使焚書、分為五戦、戦勝勿追。不勝疾走。如是佯北、安行疾闘、一結其前、一絶其後、両軍銜枚、或左或右、而襲其処。五軍交至、必有其利。此撃強之道也。

【四】敵の意表をついて戦い続けよ

武侯がたずねた。

「敵が接近して戦いを強要し、一方、わが軍は撤退しようにも退路を断たれ、兵士が浮き足立っ

＊衢　道が四方に通じている所。交通の要衝。

＊枚を銜む　声を立てさせないため箸状のもの（枚《ばい》）を口に含ませること。

ている。こういう情況のもとではどうすべきか」

呉起が答えた。

「そういう情況のもとでは、もし味方の兵力が敵の兵力を上回っていれば、兵力を分散配置し敵の手薄に乗じて攻撃します。逆に、味方の兵力が下回っていれば、臨機応変の戦術で対処しなければなりません。こうして敵の意表をついて戦い続ければ、どんな大軍でも撃ち破ることができます」

■敵の攻勢に押されて苦境に立たされたときである。こちらの兵力が多いならまだしも、兵力も少ないとなれば、いよいよ苦戦を免れない。そんなとき苦境を脱するには、「方を以ってこれに従え」だという。「方」とは方策である。つまり、知恵をしぼり手だてを講じて戦えというのだ。こういうときこそ、知謀の有無が問われるのかもしれない。

武侯《ぶこう》、問《と》うて曰《いわ》く、「敵近《てきちか》くして我《われ》に薄《せま》るに、去《さ》らんと欲《ほっ》すれども路《みち》なく、我《わ》が衆甚《しゅうはなは》だ懼《おそ》るれば、これを為《な》すこと奈何《いかん》」

起《き》、対《こた》えて曰《いわ》く、「これを為《な》すの術《じゅつ》、若《も》し我衆《われおお》く彼寡《かれすくな》ければ、分《わ》かちてこれに乗《じょう》ぜよ。彼衆《かれおお》く我寡《われすくな》ければ、方《ほう》を以《も》って*これに従《したが》え。これに従《したが》いて息《や》むことなければ、衆《おお》しと雖《いえど》も服《ふく》すべし」

武侯問曰、敵近而薄我、欲去無路、我衆甚懼。為之奈何。

起対曰、為此之術、若我衆彼寡、分而乗之。彼衆我寡、以方従之。従之無息、雖衆可服。

＊**方を以って**　「方」は方法。さまざまな策を使って。

【五】谷戦《こくせん》には少数精鋭主義で戦え

武侯がたずねた。

「左右から高山が迫っている狭隘な地形で、不意に敵と遭遇したとしよう。攻撃することもできず、さればといって撤退することもままならぬ。どうすればよいか」

呉起が答えた。

「これを〝谷戦〟といいます。谷戦では、員数ばかり多くても、役には立ちません。まず、精鋭部隊を選んで前面に配置し、さらに攻撃力にすぐれた機動部隊を最前線に投入します。兵車や騎兵は、敵から数里の後方に伏せておき、けっして敵に動静をさとられてはなりません。さすれば敵は必ず守りを固めて布陣し、こちらの出方を探ろうとします。そこで、さっと旌旗《せいき》を押し立て、山の外に移動して布陣します。敵は、これを見て、何事かと驚きあわてるにちがいありません。そのすきに、兵車や騎兵を繰り出して、しゃにむに攻め立てるのです。これが〝谷戦〟の戦い方であります」

■こういう所で会戦すれば、敵味方入り乱れての混戦となり、収拾がつかなくなる。決戦は避けなければならない。そこで敵を牽制しておいて本隊を移動させ、もし敵が隙を見せたら、すかさず機動部隊を繰り出して叩くというわけである。それも軽いジャブのようなものかもしれない。

武侯《ぶこう》、問《と》うて曰《いわ》く、「左右《さゆう》に高山《こうざん》あり、地《ち》甚《はなは》だ狭迫《きょうはく》なるに卒《にわか》に敵人《てきじん》に遇《あ》い、これを撃《う》つを敢《あえ》てせず、これを去《さ》ることも得《え》ざれば、これを為《な》すこと奈何《いかん》」

起《き》、対《こた》えて曰《いわ》く、「これを谷戦《こくせん》と謂《い》う。衆《おお》しと雖《いえど》も用《もち》いず。吾《わ》が材士《ざいし》を募《つの》りて敵《てき》と相当《あいあ》たり、軽足利兵《けいそくりへい》、以《も》って前行《ぜんこう》となし、車《くるま》を分《わ》け騎《き》を列《つら》ねて、四旁《しぼう》に隠《かく》し、相去《あいさ》ること数里《すうり》、その兵《へい》を見《あらわ》すことなかれ。敵必《てきかなら》ず陣《じん》を堅《かた》くして、進退敢《しんたいあえ》てせざらん。ここに於《お》いて旌《せい》を出《いだ》し旆《はい》を列《つら》ね、行《ゆ》きて山《やま》の外《そと》に出《い》でてこれに営《えい》せよ。敵人必《てきじんかなら》ず懼《おそ》れん。車騎《しゃき》これに挑《いど》みて、休《やす》むを得《え》しむることなかれ。これ谷戦《こくせん》の法《ほう》なり」

武侯問曰、左右高山、地甚狭迫、卒遇敵人、撃之不敢、去之不得、為之奈何。
起対曰、此謂谷戦。雖衆不用。募吾材士与敵相当、軽足利兵、以為前行、分車列騎、隠於四旁、相去数里、無見其兵。敵必堅陣、進退不敢。於是出旌列旆、行出山外営之。敵人必懼。車騎挑之、勿令得休。此谷戦之法也。

【六】混乱させてから攻撃せよ

武侯がたずねた。
「険阻な地形に囲まれた谷間で敵に遭遇し、しかも敵の兵力が圧倒的に優勢な場合は、どうすればよいか」

呉起が答えた。

「一般に、丘陵、林谷、深山、沼沢の地では作戦行動を避けなければなりません。このような地形を行軍するときは一刻も早く通過すべきです。だが、不意に敵と遭遇したときはどうするか。そのようなときには、まず、いっせいに鳴り物をならし鬨《とき》の声をあげて敵の度胆を抜き、混乱に乗じて弓弩を乱射し、ひるむ敵兵を生け捕りにします。こうして敵の出方を見、もし混乱が続いているなら、断固、いっせい攻撃に移ります」

■前項のときよりも、いっそう不利である。あわてて移動したのでは、敵の大軍の追撃を受けて、大敗を喫する恐れがないでもない。そこで先ず攻めると見せて敵の混乱を誘うのである。混乱が甚しかったら、いっせい攻撃をかけてもよいが、ねらいはあくまでも移動の安全を確保するにあることは言うまでもない。

武侯《ぶこう》、問《と》うて曰《いわ》く、「若《も》し敵《てき》に谿谷《けいこく》の間《かん》に遇《あ》うに、傍《かたわら》に険阻《けんそ》多《おお》くして、彼衆《かれおお》く我寡《われすくな》くば、これを為《な》すこと奈何《いかん》」

起《き》、対《こた》えて曰《いわ》く、「諸《もろもろ》の丘陵林谷《きゅうりょうりんこく》、深山大沢《しんざんだいたく》は、疾《と》く行《ゆ》き亟《すみや》かに去《さ》り、従容《しょうよう》*たるを得《う》ることなかれ。若《も》し高山深谷《こうざんしんこく》に、卒然《そつぜん》*として相遇《あいあ》わば、必《かなら》ず先《ま》ず鼓譟《こそう》してこれに乗《じょう》じ、弓《ゆみ》と弩《ど》とを進《すす》め、かつ射《い》かつ虜《とりこ》にせよ。審《つまびら》かにその治《ち》を察《さっ》し、乱《みだ》るれば則《すなわ》ちこれを撃《う》ちて疑《うたが》うことなかれ」

＊従容　ぐずぐずしていること。

＊卒然　にわかに、急に。

武侯問曰、若遇敵於谿谷之間、傍多険阻、彼衆我寡、為之奈何。起対曰、諸丘陵林谷、深山大沢、疾行亟去、勿得従容。若高山深谷、卒然相遇、必先鼓譟而乗之、進弓与弩、且射且虜。審察其治、乱則撃之勿疑。

【七】水戦では、まず河の情況把握に

武侯がたずねた。

「河辺の沼沢地で敵と遭遇したとしよう。車輪や轅《ながえ》まで水に没し、兵車や騎馬も水で動きがとれない。しかも舟の便もなく、進退きわまってしまった。こんなときは、どうしたらよいか」

呉起が答えた。

「これを〝水戦〟といいます。水戦には兵車や騎馬は役に立ちませんので、しばらく待機させておきます。こういう場合はまず高台に登って四方を観察し、河の情況を把握しなければなりません。河のどこが広くどこが狭いか、どこが浅くどこが深いか、これらを十分見きわめたうえで、それに即応した戦い方をすれば、勝利を収めることができましょう。もし敵が河を渡って攻撃をかけてきたら、まさに半数が渡河したその最中をとらえて攻撃をかけるべきです」

■高きに登りて四望せよ　全般的な情況把握の必要性は水戦の場合だけとはかぎらない。壁にぶつかり八方ふさがりにおちいったと感じたとき、視点を変えて眺めなおせば、打開策を見つけることができる。

武侯《ぶこう》、問《と》うて曰《いわ》く、「吾《われ》、敵《てき》と大水《たいすい》の沢《たく》に相遇《あいあ》いて、輪《りん》を傾《かたむ》け轅《えん》を没《ぼっ》し、水《みず》は車騎《しゃき》に薄《せま》り、舟《しゅう》楫《しゅう》は設《もう》けず、進退《しんたい》得《え》ざれば、これを為《な》すこと奈何《いかん》」

起《き》、対《こた》えて曰《いわ》く、「これを水戦《すいせん》と謂《い》う。車騎《しゃき》を用《もち》うることなく、且《しばら》くそれを傍《かたわら》に留《とど》めよ。高《たか》きに登《のぼ》りて四望《しぼう》せば、必《かなら》ず水情《すいじょう》を得《え》ん。その広狭《こうきょう》を知《し》り、その浅深《せんしん》を尽《つ》くし、すなわち奇《き》を為《な》して以《も》ってこれに勝《か》つべし。敵若《てきも》し水《みず》を絶《わた》らば、半《なか》ば渡《わた》らしめてこれに薄《せま》れ」

武侯問曰、吾与敵相遇大水之沢、傾輪没轅、水薄車騎、舟楫不設、進退不得、為之奈何。

起対曰、此謂水戦。無用車騎、且留其傍。登高四望、必得水情。知其広狭、尽其浅深、乃可為奇以勝之。敵若絶水、半渡而薄之。

【八】兵車作戦には長雨と低地を避けよ

武侯がたずねた。

「長雨が降りつづき、馬が泥濘に足をとられて兵車を進ませることができない。そこへ、四方から敵襲を受ければ、全軍の動揺は免れまいが、なんぞよい策はないか」

呉起が答えた。

「兵車による作戦には一定の原則があります。すなわち、晴天が続いて地面が乾燥しているときに限られます。長雨で地面が泥濘と化しているときは避けなければなりません。また、作戦行動は、低地を避けて高地を選ばなければなりません。さらに、重装備の兵車を動かすには、前進させるにしても停止させるにしても、道路からはずれてはなりません。もし、敵が移動したときは、相手の兵車の轍《わだち》をたどって追跡します」

■このあたりの黄土地帯は、雨が降り続くと黄土が水を含んで柔らかくなり、ずぶりずぶりと足をとられて、人間でも歩くのに難渋する。まして、馬や車などは使えなくなる。こういうことは自分で体験してみないとわからない。

武侯《ぶこう》、問《と》うて曰《いわ》く、「天久《てんひさ》しく連雨《れんう》し、馬陥《うまおちい》り車止《くるまとど》まり、四面《しめん》に敵《てき》を受《う》け、三軍驚駭《さんぐんけいがい》せば、これを為《な》すこと奈何《いかん》」

起《き》、対《こた》えて曰《いわ》く、「およそ車《くるま》を用《もち》うるには、陰湿《いんしつ》なれば則《すなわ》ち停《とど》まり、陽燥《ようそう》なれば則《すなわ》ち起《た》ち、高《たか》きを貴《たっと》び、下《ひく》きを賤《いや》しむ。その強車《きょうしゃ》を馳《は》せ、若《も》しくは進《すす》み、若《も》しくは止《とど》まるには、必《かなら》ずその道《みち》に従《したが》え。敵人《てきじん》若《も》し起《た》たば、必《かなら》ずその跡《あと》を逐《お》え」

武侯問曰、天久連雨、馬陥車止、四面受敵、三軍驚駭、為之奈何。

起対曰、凡用車者、陰湿則停、陽燥則起、貴高賤下。馳其強車、若進若止、必従其道。敵人若起、必逐其跡。

【九】まず守りを固め、機を見て追撃すべし

武侯がたずねた。

「強暴な敵が不意にわが領内に侵攻して、穀物や牛馬を略奪している。かりにこんな事態が生じたら、どうすればよいか」

呉起が答えた。

「敵の侵攻軍は必ずや勢いに乗って攻め込んでくるはず。そこのところを考えて、まず、守りを固めることが肝要です。正面きって戦ってはなりません。敵は、夕方になれば引き揚げましょう。そのときには、戦利品の山を満載して行動がにぶり、わが軍の襲撃を恐れて心もびくついているはず。また、帰路を急ぐあまり、部隊間の連携にも乱れが生じているにちがいありません。そこをすかさず追撃すれば、必ず破ることができます」

■実を避けて虚を撃つ　勢いの強いときを避け勢いの弱ったときをたたく。つまり「実を避けて虚を撃つ」ことも、中国流兵法の特徴の一つである。こういう戦い方なら、無理なく自然に勝つことができよう。

武侯《ぶこう》、問《と》うて曰《いわ》く、「暴寇卒《ぼうこうにわか》に来《き》たりて、吾《わ》が田野《でんや》を掠《かす》め、吾《わ》が牛馬《ぎゅうば》を取《と》らば、則《すなわ》ちこれを如《い》何《か》にせん」

起《き》、対《こた》えて曰《いわ》く、「暴寇《ぼうこう》の来《き》たるは、必《かなら》ずその強《つよ》きを慮《おもんぱか》り、善《よ》く守《まも》りて応《おう》ずることなかれ。彼《かれ》まさに暮《くれ》に去《さ》らんとす。その装必《そうかなら》ず重《おも》く、その心必《こころかなら》ず恐《おそ》れん。還退《かんたい》、速《すみや》かなることを務《つと》めて、必《かなら》ず属《ぞく》せざることあらん。追《お》いてこれを撃《う》たば、その兵覆《へいくつがえ》すべし」


武侯問曰、暴寇卒来、掠吾田野、取吾牛馬、則如之何。

起対曰、暴寇之来、必慮其強、善守勿応。彼将暮去。其装必重、其心必恐。還退務速、必有不属。

追而撃之、其兵可覆。

【十】敵領内では、人心収攬につとめるべし

敵国を攻撃し敵城を包囲するのに、守るべき基本原則がある。

城邑を攻め落としたならば、まず、行政府を占拠して行政機能を押さえ、そのための一切の資料を入手しなければならない。

また、敵の領内に進攻したときは、次のことを禁じなければならない。

一、樹木を伐ること
一、民家を荒すこと
一、穀物を荒すこと
一、家畜を殺すこと

城をめぐる攻防戦

一、財貨を焼くこと

こうして危害を加える意志のないことを示し、投降を願ってくる者はこれを許し、民心の安定をはからなければならない。

■なぜこのようなことが望まれるのか。言うまでもないことだが、

一、占領地の行政を円滑ならしめる

一、占領地住民の支持をとりつける

この二つのねらいである。

呉子曰《ごしいわ》く、およそ敵《てき》を攻《せ》め城《しろ》を囲《かこ》むの道《みち》は、城邑《じょうゆう》すでに破《やぶ》るれば、各《おのおの》その宮《きゅう》に入《い》り、その禄秩《ろくちつ》を御《ぎょ》し、その器物《きぶつ》を収《おさ》めよ。軍《ぐん》の至《いた》る所《ところ》、その木《き》を刊《き》り、その屋《おく》を発《あば》き、その粟《ぞく》を取《と》り、その六畜《ろくちく》*を殺《ころ》し、その積聚《ししゅ》を燔《や》くことなかれ。民《たみ》に残心《ざんしん》なきことを示《しめ》し、その降《こう》を請《こ》うあらば、許《ゆる》してこれを安《やす》んぜよ。

呉子曰、凡攻敵囲城之道、城邑既破、各入其宮、御其禄秩、収其器物。軍之所至、無刊其木、発其屋、取其粟、殺其六畜、燔其積聚。示民無残心、其有請降、許而安之。

***六畜** 牛、馬、羊、犬、鶏、豚。

【第六】励《れい》士《し》篇

「厳明《げんめい》の事《こと》は、恃《たの》む所《ところ》に非《あら》ざるなり」

「事《こと》に死《し》するの家《いえ》あれば、歳《とし》ごとに使者《ししゃ》をして
その父母《ふぼ》に労賜《ろうし》せしめ、心《こころ》に忘《わす》れざることを著《あらわ》す」

「人《ひと》に短長《たんちょう》あり、気《き》に盛衰《せいすい》あり」

「一人《いちにん》、命《いのち》を投《とう》ぜば、千夫《せんぷ》を懼《おそ》れしむるに足《た》る」

勝つためには、兵士の奮起を引き出さなければならない。そのためには、信賞必罰で臨むだけでは不十分であるとして、さらに呉起は対策を進言する。

【二】信賞必罰だけでは勝利は保証されない

武侯がたずねた。

「信賞必罰をもって部下に臨めば、勝利をかちとることができると思うか」

呉起が答えた。

「この問題はわたくしも十分に理解しているとは言えません。しかしながら、賞罰それ自体は、勝利の保証にはなりえないかと思います。君主が命令を発すれば、喜んで服従する。動員令を下せば、喜んで戦場に赴く。敵と対陣すれば、喜んで一命を投げ出す。この三つの条件が満たされてこそ、勝利が保証されるのではないでしょうか」

■軍を統制するには信賞必罰の姿勢で臨む必要があるが、それだけでは十分でない。勝利をめざすためには、兵士一人ひとりをやる気にさせ、よろこんで戦場に赴くようにさせなければならないのだという。つまりは兵士の自発性をどう引き出すかが、鍵になるということだ。

武侯《ぶこう》、問《と》うて曰《いわ》く、「厳刑明賞《げんけいめいしょう》は以《も》って勝《か》つに足《た》るか」

起《き》、対《こた》えて曰《いわ》く、「厳明《げんめい》の事《こと》は、臣悉《しんつく》すこと能《あた》わず。然《しか》りと雖《いえど》も、恃《たの》む所《ところ》に非《あら》ざるなり。それ号《ごう》を発《はっ》し令《れい》を布《し》きて、人《ひと》、聞《き》かんことを楽《たの》しみ、師《し》を興《おこ》し衆《しゅう》を動《うご》かして、人《ひと》、戦《たたか》わんことを楽《たの》しみ、兵《へい》を交《まじ》え刃《やいば》を接《せっ》して、人《ひと》、死《し》せんことを楽《たの》しむ。この三《み》つのものは、人主《じんしゅ》の恃《たの》む所《ところ》なり」


武侯問曰、厳刑明賞足以勝乎。

起対曰、厳明之事、臣不能悉。雖然、非所恃也。夫発号施令而人楽聞、興師動衆而人楽戦、交兵接刃而人楽死。此三者、人主之所恃也。

【二】功なき者も激励すべし

武侯が反問した。

「そうさせるためには、どうすればよいか」

呉起が答えた。

「功績のあった者は抜擢して手厚い待遇を与える。これは当然ですが、しかしその一方で、功績のなかった者を激励することも忘れてはなりません」

そこで武侯は霊廟の庭先に三列の宴席を設けて臣下を供応した。すなわち、最も功績のあった者は最前列にすわらせ、上等の器、上等の料理でもてなした。中程度の功績をたてた者は中列にすわらせ、中程度の器でもてなした。功績のなかった者は最後列にすわらせ、普通の器でもてなした。

宴がおわって退出するさいには、功績のあった者の父母妻子に、それぞれの功績に応じて、贈物をたまわった。また、戦没者の家には、毎年使者を送って父母をねぎらい、いつまでも心にかけていることを示した。

　こうして三年たった。たまたま西隣りの国秦《しん》が、軍を動員して魏《ぎ》領の西河《せいが》に攻めこんできた。すると魏の将兵は、上司の命令も待たずに出動準備にとりかかり、勇躍して前線に赴いた者が数万人にも達した。

■供応するさいに、功績のあった者となかった者に差をつけたこと、ただし、功績のなかった者も除外しなかったこと、このあたりがミソなのかもしれない。また、功績者や戦没者の家族にも配慮を示すのは、家族ぐるみの支持をとりつけるうえで有効であることは言うまでもない。

武侯曰《ぶこういわ》く、「これを致《いた》すこと奈何《いかん》」。対《こた》えて曰《いわ》く、「君《きみ》、有功《ゆうこう》を挙《あ》げて進《すす》みてこれを饗《きょう》し、功《こう》なきをばこれを励《はげ》ませ」

　ここに於《お》いて武侯《ぶこう》、坐《ざ》を廟庭《びょうてい》に設《もう》け、三行《さんこう》を為《つく》りて士大夫《したいふ》を饗《きょう》す。上功《じょうこう》は前行《ぜんこう》に坐《ざ》せしめ、餚《こう》席《せき》に重器上牢《じゅうきじょうろう》＊を兼《か》ぬ。次功《じこう》は中行《ちゅうこう》に坐《ざ》せしめ、餚席《こうせき》の器《うつわ》差減《ややげん》ず。功《こう》なきは後行《こうこう》に坐《ざ》せしめ、餚《こう》席《せき》に重器《じゅうき》なし。饗畢《きょうおわ》りて出《い》づ。また有功《ゆうこう》の者《もの》の父母妻子《ふぼさいし》に廟門《びょうもん》の外《そと》に頒賜《はんし》し、また功《こう》を以《も》って差《さ》をなす。事《こと》に死《し》するの家《いえ》あれば、歳《とし》ごとに使者《ししゃ》をしてその父母《ふぼ》に労賜《ろうし》せしめ、心《こころ》に忘《わす》れざることを著《あらわ》す。これを行《おこな》うこと三年《さんねん》、秦人《しんひと》、師《し》を興《おこ》して西河《せいが》に臨《のぞ》む。魏《ぎ》の士《し》これを聞《き》き、吏令《りれい》を待《ま》たず、介冑《かいちゅう》してこれを奮撃《ふんげき》する者《もの》、万《まん》を以《も》って数《かぞ》う。

＊**上牢**　上等な肉の料理。

武侯曰、致之奈何。対曰、君挙有功而進饗之、無功而励之。於是武侯設坐廟庭、為三行饗士大夫。上功坐前行、餚席兼重器上牢。次功坐中行、餚席器差減。無功坐後行、餚席無重器。饗畢而出。又頒賜有功者父母妻子於廟門外、亦以功為差。有死事之家、歳使使者労賜其父母、著不忘於心。行之三年、秦人興師、臨於西河。魏士聞之、不待吏令、介冑而奮撃之者以万数。

【三】わずか一人でも死を覚悟すれば強い

さっそく武侯は呉起を召し出して語った。

「そなたが教えてくれたとおりやってみたら、みごと成功したぞ」

呉起が答えた。

「人には短所と長所があり、気には盛んなときと衰えるときがある、と言われています。どうか、功績のない者だけ五万人集めてください。わたくしが指揮して秦軍と戦ってみましょう。もし負ければ、諸侯のもの笑いとなって、わが国の権威失墜は免れませんが、そんな恐れは万に一つもありますまい。たとえば、死にものぐるいの賊が一人、広野にのがれたとします。これに千人の追手をさし向けたとしても、ビクビクするのは追手のほうです。なぜなら、賊が突然姿を現わして襲いかかってくるかもしれないからです。このように、たった一人の賊でも命を投げ出す覚悟を固めれば、千人を震えあがらせることができます。いま、五万の兵士をこの賊のように仕立て、それを率いて敵を撃てば、どんな大軍でも撃ち破ることができます」

――■功績のなかった者は、なんとしても功績を立てたいと願うようになっている。そう思わせて、かれらをやる気にさせたところに、呉起の成功の原因があった。

武侯《ぶこう》、呉起《ごき》を召《め》して謂《い》いて曰《いわ》く、「子《し》の前日《ぜんじつ》の教《おし》え行《おこ》なわる」

起《き》、対《こた》えて曰《いわ》く、「臣聞《しんき》く、人《ひと》に短長《たんちょう》あり、気《き》に盛衰《せいすい》あり、と。君試《きみこころ》みに無功《むこう》の者《もの》五万人《ごまんにん》を発《はっ》せよ。臣請《しんこ》う、率《ひき》いて以《も》ってこれに当《あ》たらん。脱《も》しそれ勝《か》たずんば、笑《わら》いを諸侯《しょこう》に取《と》り、権《けん》を天《てん》下《か》に失《うしな》わん。今《いま》、一死賊《いちしぞく》をして曠野《こうや》に伏《ふ》せ、千人《せんにん》これを追《お》わしむるも、梟視狼顧《きょうしろうこ》*せざるなからん。何《なん》となれば、その暴《にわか》に起《た》ちて己《おのれ》を害《がい》せんことを恐《おそ》るればなり。ここを以《も》って一人《いちにん》、命《いのち》を投《とう》ぜば、千夫《せんぷ》を懼《おそ》れしむるに足《た》る。今《いま》、臣《しん》、五万《ごまん》の衆《しゅう》を以《も》って、一死賊《いちしぞく》となし、率《ひき》いて以《も》ってこれを討《う》たば、固《まこと》に敵《てき》し難《がた》からん」

＊**梟視狼顧**　梟のようにあたりを見まわし、狼のように後ろを振り向くこと。ともに恐れてそうするのである。

武侯召呉起而謂曰、子前日之教行矣。

起対曰、臣聞、人有短長、気有盛衰。君試発無功者五万人。臣請、率以当之。脱其不勝、取笑於諸侯、失権於天下矣。今使一死賊伏於曠野、千人追之、莫不梟視狼顧。何者、恐其暴起害己也。是以一人投命、足懼千夫。今臣以五万之衆而為一死賊、率以討之、固難敵矣。

【四】戦闘の命令は簡約であるべし

武侯はなるほどと思い、この五万の兵士に兵車五百台、騎馬三千を加えて、呉起の指揮にゆだねた。かくて呉起は首尾よく五十万にのぼる秦の大軍を撃ち破ったのである。それというのも、将兵の奮起を促すことに成功したからだ。

呉起は、出撃の前日、全軍にこう命じた。

「全軍の将兵に命ずる。兵車隊は敵の兵車と戦え。騎馬隊は敵の騎馬と戦え。歩兵隊は敵の歩兵と戦え。兵車が兵車と戦わず、騎馬が騎馬と戦わず、歩兵が歩兵と戦わなければ、たとい勝ったとしても、いっさい功績を認めないから、そう思え」

このため、いざ戦いに突入したとき、くどくどと命令を下す必要がなかった。呉起の率いる軍が天下を震撼させることができたのは、そのためである。

■やる気になっている兵士に、こまごました指示は必要ない。そんなことをしたのでは、かえって現場の混乱を招くかもしれない。指示や命令のたぐいは、なるべく簡約であったほうが徹底するのである。

ここに於《お》いて武侯《ぶこう》これに従《したが》い、車五百乗《くるまごひゃくじょう》、騎三千匹《きさんぜんびき》を兼《か》ねて、秦《しん》の五十万《ごじゅうまん》の衆《しゅう》を破《やぶ》れり。これ励士《れいし》の功《こう》なり。戦《たたか》いに先《さき》だつ一日《いちにち》、呉起《ごき》、三軍《さんぐん》に令《れい》して曰《いわ》く、「諸《もろもろ》の吏士《りし》まさに従《したが》いて敵《てき》の車騎《しゃき》と徒《と》とを受《う》くべし。もし車《くるま》、車《くるま》を得《え》ず、騎《き》、騎《き》を得《え》ず、徒《と》、徒《と》を得《え》ざれば、軍《ぐん》を破《やぶ》ると雖《いえど》も皆《みな》功《こう》なし」と。故《ゆえ》に戦《たたか》いの日《ひ》、その令煩《れいわずら》わしからずして、威《い》、天下《てんか》を震《ふる》わせり。

於是武侯従之、兼車五百乗、騎三千匹、而破秦五十万衆。此励士之功也。先戦一日、呉起令三軍曰、諸吏士当従受敵車騎与徒。若車不得車、騎不得騎、徒不得徒、雖破軍皆無功。故戦之日、其令不煩、而威震天下。

※この作品は一九九九年七月に刊行されたものを新装版化しました。

〔著者紹介〕

守屋 洋（もりや・ひろし）

著述業（中国文学者）。

昭和7年、宮城県生まれ。

東京都立大学中国文学科修士課程修了。

著訳書に『論語の人間学』『老子の人間学』（いずれもプレジデント社）、『決定版・菜根譚』（PHP研究所）、『リーダーのための中国古典』（日本経済出版社）など。

守屋 淳（もりや・あつし）
著述業。
昭和40年生まれ。早稲田大学第一文学部卒業。
著訳書に『現代語訳・論語と算盤』（ちくま新書）、『論語入門』『孫子――最高の戦略教科書』（いずれも日本経済出版社）など。

〔新装版《しんそうばん》〕全訳《ぜんやく》「武経七書《ぶけいしちしょ》」1

孫子《そんし》 呉子《ごし》

二〇一四年九月一五日　第一刷発行
二〇二一年九月二三日　第三刷発行

著者　守屋洋《もりやひろし》　守屋淳《もりやあつし》
発行者　長坂嘉昭
発行所　株式会社プレジデント社
〒一〇二-八六四一
東京都千代田区平河町二-一六-一
平河町森タワー一三階
https://www.president.co.jp/
https://presidentstore.jp/
電話　編集 〇三-三二三七-三七三二
販売 〇三-三二三七-三七三一

装丁　岡 孝治
販売　高橋 徹　川井田美景
編集　桂木栄一
制作　関 結香
印刷・製本　中央精版印刷株式会社

落丁・乱丁本はおとりかえいたします。

ISBN 978-4-8334-2096-9 Printed in Japan